生物と化学の補習講義 3

人間と遺伝子の話

上領達之＝著

培風館

まえがき

これは、あなたと同じ世代の方々からいただいたお便りに刺激されて、できた本です。人間の身体や行動についての勉強をはじめたばかりの方々から、質問をいただいたんです。最近十年ほど、生物や化学に近い分野の解説を担当してきた教師として、これにはなんとしてもお答えをしないわけにはいきません。そこで、前に書いたことのある本に合わせた「補習講義」のスタイルで、そういう質問や疑問にお答えすることにしたんです。一つでも二つでも、「スッキリした」とか、「あ、そうだったのか」って思っていただけるような話ができれば幸いです。

質問で多かったのは、コレステロールの「悪玉」と「善玉」の区別や脂肪酸の分解の仕組み、酸化・還元の基本の考え、遺伝子診断に使うＰＣＲ法の解説、臓器バンクに関連した臓器移植のこと、などです。僕が一番驚いたのは、「人間の利己主義と『利己的な遺伝子』とのあいだにどんな関係があるのか」っていう質問があったことですよ。「利己的な遺伝子」っていうのは、リチャード・ドーキンスという人が書いた本の題名なんです。彼のこの本が出たのは昭和五十一年で、その出版はいろんな分野の人たちにショックを与えました。今では「古典」といってもいい話題の本なんです。この本の真意をわかるためには、「生命の起源」とか「核酸」についての予備知識が必要なんです。そこで、ここは何回かに分けて、できるだけわかりやすくお話ししたいと思っています。

この本では、自分を「文系人間」または「理系人間」だと思ってる方に、そういう区別は無意味だっていうメッセージを発信することにも努力しました。だって現実の世界は「文系」とか「理系」とかに分かれていないですから、そういう「受験勉強的」な仕切りにとらわれないで、モノゴトを考えるきっかけにしていただきたいんです。本筋の部分は、僕の本や講義をご存じない方が読まれても、困らないように書きました。でも、前に書いた「生物と化学の補習講義」のシリーズ（培風館）でも話題にしたような所では、★や、☆の後に「見出し語」をつけた標識を出しておきます。（★クローンとは）なら、シリーズ1の『**人間という生き物**』の末尾にある索引に、「クローンとは」の項があるという意味です。（☆脂質二重膜）だったら、今度はシリーズ2の『**人間を知るための化学**』の索引に「脂質二重膜」の項があるってわけです。無視していただいていいんですけど、もしご覧になれば、その辺りの事情が多少わかりやすくなるかもしれません。

安藤正昭さん、池原健二さん、上野雄一郎さん、大櫛陽一さん、川上立太郎さん、河原明さん、木村靖夫さん、倉本恭成さん、坂田桐子さん、鈴木克周さん、高岡健さん、竹田一彦さん、田中宇さん、戸田昭彦さん、永井克彦さん、中本美由紀さん、奈良重俊さん、根平達夫さん、馬場浩太さん、彦坂暁さん、保坂公平さん、松尾文夫さん、水田啓子さん、山口和男さん、山崎岳さん、には直接または間接に大切なことを教えていただきました。感謝いたします。根平さんには第1話に書いた「エステル実験」の測定もしていただいたことを特記いたします。三度《みたび》、培風館の方々からは、力強い支援をいただきました。格別の感謝を申し上げます。この本の内容は、僕の研究分野からずいぶんと離れているので、いろいろな本を参考にさせていただいています。とくに重要な本は、本文中に明記しました。でも、その内容の解釈が間違っていたら、そこに著者のお名前を挙げているとしても、それはすべて僕の責任です。

目次

第1話　悪玉と善玉を使う説明

おはよう！　この補習講義、とうとう三回目です。去年の後期の話も、シリーズの二冊目として出版されました。去年の話が参考になるって思うときには、★とか、☆のサインを出します。（★DNA鑑定）は、シリーズ一冊目の『**人間という生き物**』の索引に「DNA鑑定」の項目があるって意味で、（☆赤血球）なら、二冊目の『**人間を知るための化学**』のほうの索引に「赤血球」の項があるってことです。もちろん、そこを読まなきゃならないワケじゃありません。さて、今日は「コレステロールの悪玉とか善玉って何のことか」という質問に答えます。

❏コレステロールの常識

脂質の仲間　コレステロールって、水にはほとんど溶けない油（脂質）の一種です。形は脂肪と全然ちがうけど、水にはほとんど溶けないって性質では似ています。マトモな教科書ならここですぐコレステロールと脂肪（☆シャボン玉を知ってる？）の構造の図を出すんでしょう。でも、それ見て大切なことがわかっちゃう人には、こんな補講いりません。だから図はやめて、脂肪の大部分を占めてる脂肪酸と比べて、似てる点と似てない点とをチョッと紹介するだけにします。

似てる点　（一）どちらも全体が酢酸（活性酢酸、アセチル・コエー）を材料にしてつくられてます。（二）両方とも「本体」は炭素と水素からできてる疎水性の炭化水素です。（三）コレステロールには一個、脂肪酸には二個の酸素があって、そこが親水性の「頭」になります。（四）働きの一つは脂質二重膜の成分になることです。ただしその役目はビミョウにちがいます。

似てない点　（一）「脂肪酸」はパルミチン酸とかオレイン酸とか多くの仲間をまとめた総称だけど、「コレステロール」は一つの分子の固有名詞です。（二）脂肪酸の本体は炭素が一直線にならんだ**鎖の形**をしてるけど、コレステロールは六角形が三つと五角形が一つくっつき合った**板の形**が「胴体」で、これに枝のある「尻尾」がついてます。（三）脂肪酸の親水的な頭はカルボキシル基だけど、コレステロールの頭は水酸基ただ一つです。（四）脂質二重膜に使われる場合、脂肪酸はリン脂質の親水性の頭から垂《た》れてる二本の「鎖」で、温度に応じて揺《ゆ》れ方を変えるから膜全体の**硬さ・軟らかさ**にジカに影響します。一方コレステロールは、リン脂質グループの鎖のあいだに差し込まれた疎水性の板です。脂肪酸とは反対に、温度変化による膜の揺れ動きを牽制します。この鎖と板の混じり具合で、それぞれの膜にほどよい「硬さ・軟らかさ」が生み出されてるんです。（五）脂質二重膜になる以外の役目をいうと、脂肪酸はエネルギーの貯蔵と生産でしたね。脂肪として貯蔵されて、活性酢酸に分解されたらクエン酸回路に入ってＡＴＰの生産に使われます。コレステロールは、動物体内の乳化剤として働く胆汁酸やステロイド系ホルモンの材料になります。そのなかには、ストレスを和らげるホルモンや性ホルモンも含まれています。

過ぎたるは猶《なお》及ばざるが如《ごと》し　これは孔子先生が、「何事も多すぎるのは足らないのと同じくらいに困ったことだ」って、中庸《ちゅうよう》の大切さを説かれた言葉です。栄養成分でも同じことです。ビタミンの例を紹介しましょう。ビタミンAが足りないと発育が悪くなるし、薄暗いところではモノが見えにくくなります（夜盲症、鳥目）。こんな大切なビタミンAでも、多すぎると脳のなかの圧力が上がって頭痛や吐き気が起こります。それが長く続くと髪は抜け落ち骨がスカスカになって、最後は痛みに苦しみながら死ぬことになります。この障害は、ビタミンAが肝臓にたまったあと、それを捨てる方法がないことから起こります。極北地帯の人たちは、アザラシ（などの肉食獣）の肝臓を「毒」だといって食べません。さて、コレステロールが多すぎると、欧米人に多い動脈硬化症の原因になります。このことがわかってから、コレステロールは「悪玉」にされちゃいました。だけどこれも不足すると、体中のすべての細胞の脂質二重膜で「硬さ・軟らかさ」の中庸が保てません。血管の状態が悪くなって、脳卒中になりやすくなります。ストレスに弱くなって、がんにもなりやすくなるんです。

❏コレステロールの悪玉・善玉

悪玉と善玉の実体　コレステロールって、たった一つの化合物の名前でした。でも「悪玉」と「善玉」っていう以上、何かの理由で二種類に分けられてるはずですね。悪玉は**ＬＤＬ（エル・ディーエル）**コレステロールで、善玉が**ＨＤＬ（エイチ・ディーエル）**コレステロールだっていわれてます。ところがこれ、コレステロールの区別じゃなくて、コレステロールの**運ばれ方**のちがいを区別してるだけです。ＬＤＬの最初のＬは「低い」の略号で、ＨＤＬのＨは「高い」の略号です。両方に共通なＤＬのＤは密度、最後のＬはリポタンパク質の略号です。「リポタンパク質」って、血液中で脂質の運び屋をやってるタンパク質の一族です。低いとか高いっていうのは、「運び屋」と「荷物」を合わせた、脂質とタンパク質の両方を含む**粒子の密度**です。なお、この二つのほかに、非常に低密度のＤＬや、名前にＤＬがつかないもっと低密度の複合粒子もあります。

ＬＤＬ　でも今日は、ＬＤＬとＨＤＬの説明に限りますよ。まずＬＤＬです。ＬＤＬコレステロールが「悪玉」ってよばれる理由は、さっき「欧米人に多い」と言った動脈硬化症と関係があります。この動脈硬化は遺伝性で、両親から病気の原因になる遺伝子を受け取ると、その子どもは五歳で心筋梗塞《こうそく》を起こすくらい激しい勢いで動脈硬化になっちゃいます。片親からの場合でも三十歳くらいで発病します。アメリカではそういう人が千人に二人くらいの割合でいるから、医療上の大問題なんです。この病気では、血液中のＬＤＬを細胞に取り込む仕組みが壊れてました。普通なら取り込んだＬＤＬのコレステロールの量を手掛かりにして、細胞でコレステロールを増産するか生産中止にするかを決めるんです。ところがこの病気では細胞にＬＤＬが入ってこないから、「いま血液中にはコレステロールが全然ない」って判断して、いつまでも増産体制を続けちゃうんです。当然コレステロール過剰になって、それが動脈や皮膚、腱（骨と筋肉結びつける、たとえばアキレス腱）などにコッテリと黄色くたまるんです。こういうコトからＬＤＬは、コレステロールを動脈に沿って体の各組織に運ぶ複合粒子だ、という考えが定着したんですね。「悪玉伝説」の誕生です。

ＨＤＬ　ＨＤＬの特徴をＬＤＬと比べてみます。平均の密度が、ＬＤＬの一・〇に対してＨＤＬ

では一・一です。粒子の直径は、ＬＤＬの二十ナノメートル以上に対して十ナノメートル以下で、密度が高い分キュッと引き締まってます。運ばれる「荷物」にはリン脂質や脂肪も含まれてて、粒子全体のなかのコレステロールの割合は、ＬＤＬなら五割近くなのにＨＤＬでは約一割五分です。「運び屋」のタンパク質を比べると、ＬＤＬではスゴク長いヤツ一種類だけなのに対してＨＤＬには短い連中が七種類も参加してます。たしかにＬＤＬとＨＤＬはズイブンちがってますね。ＨＤＬの小さいタンパク質の一つは組織の細胞膜からコレステロールを引き抜くし、別の一つは肝臓の脂質分解能力を高めます。肝臓はコレステロールを分解する唯一の臓器なので、ＨＤＬは組織から抜き出したコレステロールを肝臓へ運んで分解させるんだ、という「善玉物語」ができました。

悪玉と善玉

悪玉・善玉って何のことだかご存じですか？　江戸時代の草双紙《くさぞうし》ってよばれた絵入りの読み物からきてるんです。こういう絵本は、学問のない庶民に「勧善懲悪」の考えを植えつけて社会秩序を保つために、つくられたんでしょう。「学問のない人」が対象だから、その「絵」には、善悪の区別をつける工夫がされてました。人の心を支配する小僧を描いて、丸く囲った顔の部分に、悪い小僧なら「悪」、いい小僧なら「善」って書いたんです。丸に悪と善だから、悪玉と善玉です。絵のなかの小僧たちの勢力を見れば、主人公の行動の善悪が読者にわかるってシカケです。こういう言葉で何かを説明されたら、「学問のない人だ」ってバカにされてる証拠ですね。

安易な説明が怖い

ＬＤＬがいろいろな組織にコレステロールを運び込んで、ＨＤＬは各組織からコレステロールを集めて肝臓に戻すという説明は、大筋で正しいんだと思います。でも、今の日本でのさばってる**悪玉・善玉説明法**が正しいとは思えません。ＬＤＬに入っていようがＨＤＬで運ばれようが、コレステロールはヒトにとって欠かすことのできない栄養成分なんです。運び屋タンパク質は九種類あって、そのつくられ方は人それぞれ微妙にちがいます。外見が似てる二人の人で、体全体のコレステロールの量が同じでも、運び屋タンパク質の量やバランスがちがえば血中でのＬＤＬとＨＤＬの濃度は変わってくるはずです。それなのに、ＬＤＬ濃度が低ければそれだけで「理想的だ」って言われて、高かったら「悪玉が多い。コレステロール降下剤を飲みなさい」なんて安易に指し図されるのは不愉快ですね。気マジメに降下剤を飲み続けたあげくコレステロール不足に陥って、脳卒中とかがんになったとしても、誰にも責任を取ってもらえません。

基準値の変遷　僕は平成元年からずーっと「人間ドック」で検査を受けてますから、自分の数値の意味を知るための「正常」な値が手元にあります。元年から八年まで基準は変わってないと思うんだけど、病院ごとに「正常域」はちがってました。総コレステロールでは、上限が二百二十、二百四十、二百五十の三種類です。この数値は、血清（血液の、固まらしても固まらない液体成分）百ミリリットルあたりのミリグラム数（mg/dl）で表されてるんです。下限も百二十、百三十、百五十と三種類ありました。平成九年に基準が変更されたようで、上限は二百二十に下がって、二百以下を望ましい「適正値」としています。平成十四年の変更では「適正値」を公にはしなくなって、総コレステロール値は据え置きで、ＬＤＬコレステロール百四十以上と、ＨＤＬコレステロール四十未満を「生活指導」の対象にしました。平成十九年になると、判定項目から「総コレステロール」が除かれました。ＬＤＬの上限とＨＤＬの下限はそのままだし、中性脂肪の「多すぎ」基準も百五十以上と据え置きだから、「総コレステロールの上限二百二十」は暗黙の了解事項なんでしょう。

❏情報の受け取り方

脂質異常症　血液中の脂質の判定項目から「総コレステロール」を外したのは、日本動脈硬化学会の「予防ガイドライン平成十九年版」です。そこでは脂質が多すぎて起こる病気の名前も、「高脂血症」から「脂質異常症」に変えてます。「善玉が少なすぎても病気だ」って考えなら納得できます。ところが、「総コレステロールはもちろん、悪玉だって少なすぎちゃいけない」って主張なさる医師が意外と多いんです。その書き方は各人各様なので、いろんな人の記事を読んだ僕の印象をまとめると、長生きするには、総コレステロールを百八十以上に、LDLコレステロール（悪玉）でも百二十以上に保つことが大切みたいです。ところが「ガイドライン」はLDLを百四十未満に抑えろ、っていうんです。望ましい範囲がわずかに**百二十から百四十まで**なんて、狭すぎますよ。

死亡率で見ると　数値で区切るのは明快で便利だけど、怖いトコロもいっぱいあります。その基準を決めた理由がハッキリしなくても、「これが基準だ」って言われると無批判に受け入れちゃうからです。日本医学協会顧問の川上立太郎さんが三つの大規模調査に基づいたデータを紹介してくださったので、要点を言っときましょう。値はすべて総コレステロール値です。

一、**死亡率**は二百から二百八十の人が一番低くて、二百八十以上だと二倍になるけど、百八十以下なら三倍に近づきます（コレステロールの総量が少なくても死にやすい、ってコト）。

二、**心筋梗塞**は二百四十以上から増えだすけど、**脳梗塞**は二百八十でも増えないのに、百八十以下で増えるんです。**がん**は二百八十以上で一番少なく、百八十以下ではその七倍にも増えます。事故や自殺は二百八十以上でも、百八十以下でも増えるそうです。

低コレステロール　「梗塞《こうそく》」って、血管に異常が起きて目的の場所へ十分な血液を送れない状態のことです。どっちも原因は同じだと思ってたけど、心臓では総コレステロールが高いと起こりやすくて、脳のほうは逆に低いと起こりやすいんですね。川上さんの記事（『読む予防薬』第60回、「サンデー毎日」2007.7.29）の続きも紹介しときます。チョッと長いので僕流に要約すると、その趣旨は「日本動脈硬化学会のガイドラインは心筋梗塞に注意を向けすぎて、最近の二十五年間にわたる日本人全体の死因を見損なっている。最近の日本が世界一の自殺国になってる原因の一つは、コレステロール降下剤の使いすぎでステロイド系ホルモンの不足した人が増えたせいだろう」ってことですよ。日本人の健康診断の基準値を探るために独自の大規模な調査をなさった東海大学医学部の大櫛陽一さんも、「ＬＤＬコレステロール値でも総コレステロール値でも、現実には高い場合より、低くなったほうが死亡率の上がる危険性が高い」って、警告なさってます。

日本人の死因　いろんな統計があるから大雑把にしかいえないんだけど、死因の一位はがんで三割です。二位の心筋梗塞が**一割半強**、三位の脳梗塞（など）は一割半弱で、四位に約一割の肺炎がきます。このなかには、がんで衰弱して食べ物を気管に入れちゃって（★不適者に訪れた偶然）、それで二次的に起こった肺炎も含まれてます。「がんで死んだ」って発表したくない遺族もいるんですよ。ちなみにアメリカでは、一位の心筋梗塞が**ほぼ三割**、二位はがんの二割強、三位の脳梗塞はグッと下がって五分といってもいいくらいの一割弱です。

下種《げす》の勘繰り　日本の「動脈硬化予防ガイドライン」が、ＬＤＬコレステロール百四十を上限にして、総コレステロール値を基準項目から外したのはなぜでしょうか？　あえて「下種の勘繰り（下品な人間のする邪推）」をしてみます。邪推の第一歩は、欧米崇拝者の先生が、アメリカの死因第一位の心筋梗塞を最重要に考えて、総コレステロール値を低めに設定しようとした、って仮定です。お笑いの「タカアンドトシ」なら、即座に「欧米か！」って突込みを入れるトコです。ところがそのアメリカでは総コレステロールの上限が二百四十なんですよ。平成十八年以前の日本の二百二十より甘い上限なんです。それなのに死亡率では米国の半分の日本が、それより厳しい二百二十を上限にしてたら変に思われるでしょう。そこで「二百二十」を目立たなくするように総コレステロールを外して、これに相当するＬＤＬの上限百四十を表《おもて》に出した、って邪推です。

「談合か！」　「談合」って、競争入札する業者どうしが勢力に応じて高値で受注できるように裏で話し合うコトだと思ってました。ところがホントは、役所のエライさんの再就職やらナンやらを円滑に進めるために、お役人と業者が市民に隠れて話し合うことのようですね。不自然なコトが起きたら、必ずそれでトクする人がいるはずです。「コレステロール値」にナンの問題もない市民が「脂質異常症」の疑いをかけられるなんて、そりゃ「不自然なコト」ですよ。もしあなたがそんな疑いを突きつけられたら、心配になって病院に通いますよね。それからコレステロール降下剤も買うでしょう。どっちにもお金がかかります。それで「トクする人」があなたならいいんですけど…。

❏体に脂肪がつきにくい食用油

お墨つきの善玉　ＨＤＬコレステロールを善玉とよぶのは方便で、お役所がそう決めたワケじゃありません。でも、お役所から「お墨つきマーク」をもらった善玉もあるんですよ。人が両手両足を開いて立ってる後ろに大きな丸があって、その上側には「厚生労働省認可」、下には「特定保健用食品」って書かれた「トクホ」マークです。今はずいぶんいろんな食品についてるみたいですけど、僕がハッとしたのはかなり前に見た食用油の場合です。名前は「健全エゴナ」だったか「結構ウソナ」だったか憶えてません。とりあえず「ウソナ」として話を進めます。

ジグリセリド　食用油だから主な成分は脂肪です（☆油と脂のちがい、エネルギー収支、シャボン玉を知ってる?:）。脂肪って、グリセロールの三つの水酸基に脂肪酸がそれぞれエステル結合してるのが典型です。脂肪酸基が三つついてるから「トリアシルグリセロール」とか「トリグリセリド（TG）」ってよびます。**TG**の**T**は、ATPのTと同じ「三つ」の意味で、**G**はグリセリドの頭文字です。脂肪にはTGのほかに、脂肪酸が二つのDGや、たった一つのMGも含まれてます。このT（トリ）、D（ジ）、M（モノ）の関係は、ヌクレオチドのリン酸の数の言い方と同じですよ。グリセリドでは脂肪酸の数です。ウソナの主成分は、**DG**（ジグリセリド）なんです。

セールス・ポイント　ウソナの「売り」は、「TGが主成分の普通《なみ》の食用油（ナミユ）を使う場合よりも体に脂肪がつかない。ヘルシーだ」ってコトですね。その理由は二つあります。**ポイント一**は、「グリセロール一個あたりの脂肪酸が二分子だから、三分子ついてるナミユと**同じだけ**食べてもカロリーは三分の二しか摂ってない」ってことです。DGでもTGでも、分子の大部分は脂肪酸が占めてますから、DG（ウソナ）とTG（ナミユ）を「同じ数（分子数）」だけ食べたんなら、そのとおりです。脂肪のカロリーは、ほぼ脂肪酸の数に比例しますからね。だけど、キッチンで油を使うときに**分子の数で**量りますか？　そんなことしませんよ。もし「同じ重さ」を使ったんなら、脂肪酸の数はダイタイ同じです。TGとDGの分子量も、脂肪酸の数に比例してるからです。TG二分子の重さとDG三分子の重さはほぼ同じで、どちらも脂肪酸の数は六個です。「同じ体積」で使っても話は変わりません。DGもTGも比重はほとんど同じ、〇・九弱だから、大さじ一杯の油は、DGだろうとTGだろうとほぼ同じ重さで、脂肪酸の総数もほぼ同じです。「アセッタ」だか「パクッタ」だか、鎖の短い脂肪酸を使った別の油は、数を長さに変えただけの二番煎《せん》じです。

DGの二タイプ　次は少し難しいですよ。DGには二種類のタイプがあります。グリセロールの水酸基は、三つつながった炭素に一個ずつついてましたね。だから脂肪酸が両端の二つにつくか（端々タイプ）、片端と中央につくか（端中タイプ）で、二種類のDGができるんです。ウソナは「端々タイプ」なんですって。だから中央は水酸基のままです。それからね、TGやDGに分解酵素が働くときは、端っこの脂肪酸のほうが除かれやすいそうです。そしたら、真ん中にだけ脂肪酸が残ったMG（モノグリセリド、T字型ってよびましょう）がたまりそうですね。このT字型MGが、今度TGをつくるときの原料になるんだそうです。こういう説を信じると、「売り」の**ポイント二**が成り立ちます。「ウソナは端々タイプのDGだから、消化されても反対の端に脂肪酸が一つ残ったL字型MGしかできない。TGの原料にはならない」ってことです。

エステルの平衡　この「ポイント二」で気になるのは、エステル結合にも「平衡」があることです（☆「平衡」が大切）。そこで簡単なモデル実験をやってみました。触媒が何もないときにエチルアルコールと酢酸が酢酸エチルエステルと水になる反応が、どのくらいの時間で平衡になるかっていう実験です。三角フラスコに試薬級のエチルアルコールと氷酢酸とを百八十ミリモルずつ入れて栓をしてから、昼間は陽が入るけど暖房のない部屋に置いといたんです。十二月の十日から毎月十日に中身をチョッと採って調べたら、一月は全体の二十三パーセント、二月は四十パーセント、三月には四十八パーセントの酢酸が、勝手にアルコールと結合してエステルに変わってました。実際にはここでやめたんだけど、ずっと続けたら半年後に六十パーセントほどになって反応が平衡（頭打ち）になる感じでした。平衡になっても分子一個一個で見れば、エステルが分解したりアルコールと酸がエステルに変わったりし続けるワケです。グリセロールと脂肪酸のエステルも同じだから、仮に工場でできたてのウソナがすべて端々タイプでも、流通して台所に置かれてるあいだに、脂肪酸が外れたり戻ったりし続けてるわけです。外れた脂肪酸が必ず元の位置に戻るワケじゃないから、あなたが使うときにその中身の大部分が何になってるのか見当もつきません。

再びエネルギー収支　とにかく食べた総カロリー数が基礎代謝と運動で消費されたカロリー数より多かったら、その余分のほとんどすべては脂肪として蓄えられるんです（☆ エネルギー収支）。何を食べようと消化の途中でどうなろうと、この原則を変えることはできません。脂肪としてT字型MGだけを食べさせたネズミと、L字型MGだけを食べさせたネズミを比べたら、体についたTGの総量に少し差が出たんでしょうか。でもそんなこと、実験動物みたいな食事をしてないあなたには、関係ないことですよね。「お墨つき」の善玉でも、実情はこんな程度です。

第2話 肉饅頭に石油タンパクを——

ブタ肉に段ボール紙を混ぜた「肉」饅頭が北京市内で売られてた、という報道がありました（中国北京テレビ局、平成十九年七月八日）。後からは「やらせ」ってコトになったけど、真実は闇の中です。ところが日本ではね、石油タンパク質を入れた肉饅頭ができてたかもしれないんですよ。「石油タンパク質」なんて、聞いたことないでしょう。でもこの話、ご質問のあった、脂肪酸の分解や合成と関係が深いんです。そこで今日は「ダンボール饅頭」をダシにして、その周辺をお話しします。

❑石油タンパク質とは

つくるのは微生物　石油タンパク質って聞くと、化学工場で石油を加工するイメージをもたれるんじゃないでしょうか？　でも、そうじゃありません。ブドウ糖の代わりに石油（天然ガスでもいいんですが）をエネルギー源として微生物を増やすんです。人間が何かの目的をもって微生物を増やす場合、「培養《ばいよう》」って言葉を使います。その培養をするときのエネルギー源は、「炭素源」ともよばれます。僕らのエネルギー源（炭素源）の大部分は、他の生き物がつくってくれたデンプンか脂肪です。僕らが自分で消化して、ブドウ糖か脂肪酸に変えられるモノのことですね。でも微生物はいろんな炭素化合物を利用してブドウ糖や脂肪酸をつくります。それで、培養にどんな炭素化合物を使うか、ってことが大切になってきて、「炭素源」って言葉が頻繁に使われるんです。炭素源があって、あと硫安みたいな「窒素源」とリン酸カリウムなんかの最小限の「サプリメント」があれば、微生物はドンドン増えていきます。増えるってことは、**タンパク質もつくられる**ってことです。

ナイロンの発想

石油タンパク質をつくるって、ナイロンをつくった発想と似ています。「安い石炭と水と空気から、高価な絹糸に匹敵する繊維をつくろう」が、「酵母を安い石油と硫安とリン酸カリで培養して、高価な豚肉に匹敵するタンパク質をつくらそう」に変わっただけです。この目的に合うなら、どんな微生物と炭素源の組合せでもいいんです。でも原核生物は小さいから大量に増やすのにも、それを集めるのにもコストがかさみます。高く売れる稀少物質をつくらすならそれでも採算に合うんだけど、タンパク質っていうだけなら、床屋さんで掃き捨てられる髪の毛の山だってタンパク質（ケラチン）ですから、安くないと売れません。そこで細胞の大きい酵母（単細胞の真核生物）が選ばれたワケです。もちろん炭素源だって安くなきゃいけません。こんな話が盛んだったころ、サトウキビから砂糖を搾り取ったカス（廃糖蜜）よりも、さらに安いのが石油でした。

なぜ石油タンパク質か

「こんな話」が出てきた理由は、世界の「人口問題」というか「食糧問題」が表立ってきたためです。そのころ（昭和三十年代半ば）、世界人口が三十億人に達しました。それまでのデータから推定すると、今ごろ（平成二十年前後）には百億人を越える可能性もあったんです。実際には中国が「一人っ子政策」を採ったりしたから、今は七十億以下ですけどね。それでも人口が増えていく（食糧不足になる）ことは確かです。穀物を主食にする人間を百人養える土地でも、そこで家畜の飼料をつくって肉を主食にしたら、十人くらいしか養えません。「しかしお肉は食べたい。だから飼料や『肉饅頭に入れるタンパク質』は酵母につくらそう」って考えたんです。

❏好事魔多し《こうじまおおし》

オイル・ショック　いいことやうまくいきそうな話には、邪魔が入ってくるモンです。**一つ目の邪魔**は石油（正しくは原油）の値段でした。「あのころ」なぜ安かったかといえば、昭和四十年代半ばまでの世界の石油は欧米の「メジャーズ（セブン・シスターズ）」に牛耳《ぎゅうじ》られてて、原油一バレル（約百六十リットル）が約三ドルに抑えられていたからです。しかし第四次中東戦争を機に、石油輸出国機構（ＯＰＥＣ）がイスラエル支援国家を標的にして、一バレルを十二ドルに値上げしました。これが第一次オイル・ショック（昭和四十八年）です。その六年後のイラン革命による混乱では、四十ドル近くまで上がりました（第二次オイル・ショック）。メジャーズのような企業間のカルテルとちがってＯＰＥＣは国家の寄り合いですから、価格管理はそう上手《うま》くいきません。二十ドルくらいで推移してたのが平成十四年くらいまでです。米英軍のイラク侵攻をキッカケに三十ドル台から上昇を続けて、三年後の十八年には七十ドルの壁を破りました。二十年には百ドル台になるでしょう。これはもう石油の価値とは別次元の話です。とにかく昭和四十八年までは安かったんです。

原油と石油　石炭との釣り合いから石油って言いやすいんだけど、「石油」っていう物質も商品もありません。タンカーで運ばれてくる石油は「原油」です。原油にはいろんな成分が混じってるし、混じり方も千差万別だから、どこの油田でいつ採られたかによってその中身はさまざまです。大雑把にいえば、重さの八、九割は炭素と水素だけからできてる化合物（炭化水素）で、残りの部分には硫黄や窒素、酸素も含まれてます。製油所にきた原油は沸点の低いほうから取り分けられていきます。流通してる石油には、「ガソリン」、「軽油」、「重油」なんていう規格の定められた製品があります。規格の範囲内で硫黄なんかが混じってるから、それを燃やせば硫酸ができて酸性雨の原因になるワケです。炭素と水素だけの炭化水素でも、鎖状のと環状のとがあります。「ガソリン」とか「軽油」とかを分ける基準は沸点だから、鎖状か環状かは問題にされません。今日の話で出てくるのは一直線の鎖状のほうで、しかも炭素と炭素のあいだに二重結合のない飽和型の「ノーマル・パラフィン」ってよばれるヤツです。ノーマルじゃないのは鎖が枝分かれしてる「イソ・パラフィン」だけど、これも出てはこないから、ここからは「ノーマル」を外して、単に「パラフィン」と言いますよ。パラフィンは、炭素の鎖が長いと室温で固体だけど、鎖が短ければ液体です。

オメガ（ω）酸化　パラフィンの一方の端にあるメチル基（$-CH_3$）をカルボキシル基（$-COOH$）に変えたら脂肪酸になります。この変化を触媒するシステムは動物の細胞にも酵母の細胞にもあって、「オメガ（ω）酸化系」ってよばれます。エタンが酸化されるときと同じステップです（☆エタンの酸化）。エタン（C_2H_6）は炭素の数が二つのパラフィン（C_nH_{2n+2}）ですからね。αやβは、一番目や二番目って意味をもってるけど、ギリシア文字末尾（二十四番目）のωは「二十四番目の」じゃなくて「最後の、端っこの」って意味です（二十二頁で説明し直します）。ω酸化系でつくられる脂肪酸は、生き物がつくる天然の飽和脂肪酸と同じなんだけど、たった一つだけちがってる点があります。天然の脂肪酸の炭素の数は偶数でしたね（☆ 還元された貯蔵炭素）。「つくるときの素材が活性酢酸（アセチル・コエー、使える炭素の数は二個）だから」です。ところがパラフィンのほうは、奇数と偶数とが半々です。石油のでき方についての仮説はいくつかありますけど、炭素の数が奇数か偶数のどちらかに偏《かたよ》るように予想させる仮説はありません。実際にガソリンや軽油を分析しても、そんな偏りはありませんでした。そうすると、パラフィンがω酸化を受けてできた脂肪酸の炭素の数も、奇数と偶数の割合は半々で、どっちにも偏ってないことになります。

期待と挫折　石油タンパク質の生産を最初に手がけたのはイギリスです。昭和四十年代、ルーマニア、中国、旧ソ連、イタリアでは家畜の飼料として、アメリカじゃ食品に混ぜるために、それぞれ年間何万トンという規模で生産してました。日本でもつくられて、昭和四十四年にコイの餌として試験的に使われてます。昔は絹糸を取った残りの繭《まゆ》のなかにいるサナギがコイの餌に使われてたんだけど、絹糸の生産が減ってきてからは魚粉に変わりました。「魚粉」って、たくさん獲れるけど食材としては人気のないサカナを煮てつくられます。だから食品じゃなくて飼料とか肥料ですね。でも「サカナ（コイ）をサカナで育てるのはどうかな？」って疑問が出て、石油タンパク質の出番になったんです。試験の成績は上々でした。コイはよく育って、「お味」もよかったんですね。政府からも一度は「安全だ」と認められました。ところが、急にそこで「待った」がかかったんですよ。そして五十一年、飼料であっても使っちゃいけないコトになって、日本での石油タンパク質の実用化は葬り去られました。第一次オイル・ショックのすぐ後だから、生産者側も弱気になってたんでしょうね。

消費者運動の先駆者

奥むめおさんがおつくりになった団体です。「主婦連合会（主婦連）」は、明治から平成に及ぶ百一年間を生き抜かれた奥むめおさんがおつくりになった団体です。大きなおシャモジを担いだ「フクちゃん」がシンボルマークになってる団体です。「日本主婦連合会」なんて紛らわしいのもあるけど、「主婦連」とは無関係です。決して主婦連の上にいる組織なんかじゃありませんからね。「主婦連」に敬意をもってる僕としては心境が複雑なんだけど、「石油タンパク質に関しては主婦連が**二つ目の邪魔**になった」と思ってます。彼女たちが石油タンパク質の実用化に反対した理由は、次の二つでした。

一、石油の中には発がん物質が含まれてる。石油でつくったタンパク質にも含まれてるだろう。

二、石油で育てられた細胞には奇数炭素数の脂肪酸が含まれている。ヒトの常食になかった物質を食べ始めたら、子孫にどんな悪影響が出るかわからない。

❏石油酵母の暮らし方

難題は奇数脂肪酸

主婦連の第一の理由には、「反対のための反対」といった感じがあります。「発がん物質が含まれている可能性」のある食品を食べないことにしたら、栄養失調になる可能性も心配しておくべきです。たしかあのころ、「ワラビ」や「焼き魚の焦げ」にも発がん物質があるって騒がれてました。「動物に対して発がん性があった」という報告が出たからです。焼き魚の焦げなんて調理の結果できてくるんだから、そんな可能性まで気にしてたら食べられるモノがなくなっちゃいそうです。それに、発がん性の判定って問題なんですよ。トテツもなく過激な条件で実験することが多いから、人間の普段の生活とは無関係な「机上の空論」になりやすいんです。石油タンパク質の場合も心配はご無用なんです。だけど第二の理由のほうは無視できません。炭素が奇数個の脂肪酸（これからは、これを奇数脂肪酸ってよびますよ）を消化したら、酢酸より炭素が一つ多い（炭素三つの）プロピオン酸にコエーのついたプロピオニル・コエーが貯まってきます。これが貯まるって経験は、ヒトにもコイにもないからです。こういう難しい問題では、何が起こるかをあれこれ調べるより、酵母に奇数脂肪酸が貯まらないような手を考えるほうがよさそうですね。回り道だけど、パラフィンを与えられた酵母がどう生きていくのか、それを考えていきましょう。

実験室では　油田の近くでパラフィンを食べて生きてた**石油酵母**を実験室で培養するとき、「パラフィン」として売ってる商品を炭素源にするのはまれですね。パラフィンは試料ごとに、成分の「混ざり具合」がバラバラだから、ある実験で使った試料と別の実験で使った試料が同じという保証はありません。毎回ちがう「パラフィン」を使ってるんじゃ、実験データを比べることができませんね。そこでパラフィンの代わりに、市販されてる特定のパラフィン成分を炭素源にするんです。炭素数が十五個のヤツとか十六個のヤツとかです。実験室で研究用に培養するときには、ω酸化されてできた脂肪酸を与えることもできます。パラフィンより脂肪酸のほうが、鎖の長さの決まった製品を手に入れやすいからです。酵母にしてもそのほうが手間が省けるでしょう。

脂肪酸の活性化　酵母が何かを自分の細胞のなかに取り込むことを「食べる」って言うのは、わかってもらいやすいからだけど、実験の話をするときは、「取り込む」って表現します。パラフィンが「取り込まれ」て脂肪酸まで酸化されても、それだけじゃ役に立ちません。クエン酸回路を回しはじめるモノは、ただの酢酸じゃなくて酢酸にコエーがついた活性酢酸（アセチル・コエー）でしたよね。脂肪酸を使う場合もあれと同じで、コエーをつけて「活性脂肪酸（アシル・コエー）」にしなきゃ使える状態にならないんです（**図1**）。このステップが「脂肪酸の活性化」で、この反応を触媒する酵素を**脂肪酸活性化酵素**といいます。この名前は憶えといてください。

活性脂肪酸の使い道　油田のまわりでデンプンを手に入れるのは困難です。だから石油酵母は、エネルギーも細胞中の炭素を含んだモノも、すべてパラフィン（を使える形に変えた活性脂肪酸）からつくらないといけません。ブドウ糖だってつくっちゃいます。僕らにはできない芸当ですけどね。それにしても脂肪酸は長すぎます。そこで活性脂肪酸の端から炭素二個分ずつを切り取って、それをみんな活性酢酸にしてしまいます。拾ってきた雑木《ぞうき》を切りそろえて、家のなかで使いやすい薪《たきぎ》にするようなもんです。この反応を、

CH_3-CH_2-・・・・・・・・-CH_2-CH_2-CH_2-**CH_3**　（パラフィン）

↓　三段階の酸化反応

CH_3-CH_2-・・・・・・・・-CH_2-CH_2-CH_2-**CO-OH**　（脂肪酸）

ATP ＋ **HS-CoA** → ↓ → AMP ＋ PPi　活性化反応

CH_3-CH_2-・・・・・・・・-CH_2-CH_2-CH_2-**CO-S-CoA**　（活性脂肪酸）

図1　パラフィンから活性脂肪酸まで

パラフィンの片端が三段階の酸化反応（☆ エタンの酸化）を受けると脂肪酸になります。脂肪酸がATPのエネルギーでコエー（HS-CoA）に結合すると活性脂肪酸（アシル・コエー）のでき上がりです。PPiはATPから外れた2個のリン酸です。このリン酸どうしの結合は水中ですぐ切れちゃうから，「細胞の利」にはなりません。HS-は水酸基（HO-）の酸素が硫黄に代わってるチオール基です。チオール基とカルボン酸とのあいだで脱水縮合してでき「チオエステル結合」は反応しやすいんです。だから「活性」脂肪酸なんです。

「ベータ（β）酸化」といいます。なぜそんなよび方をするのかは、「雑木の切りそろえ方」を聞いたら納得がいくと思いますよ。

ベータ（β）酸化　まず**図2**の上の段を見てください。脂肪酸の炭素に名前をつけるのに、二通りの方法があります。一つ目の方法ではカルボキシル基の

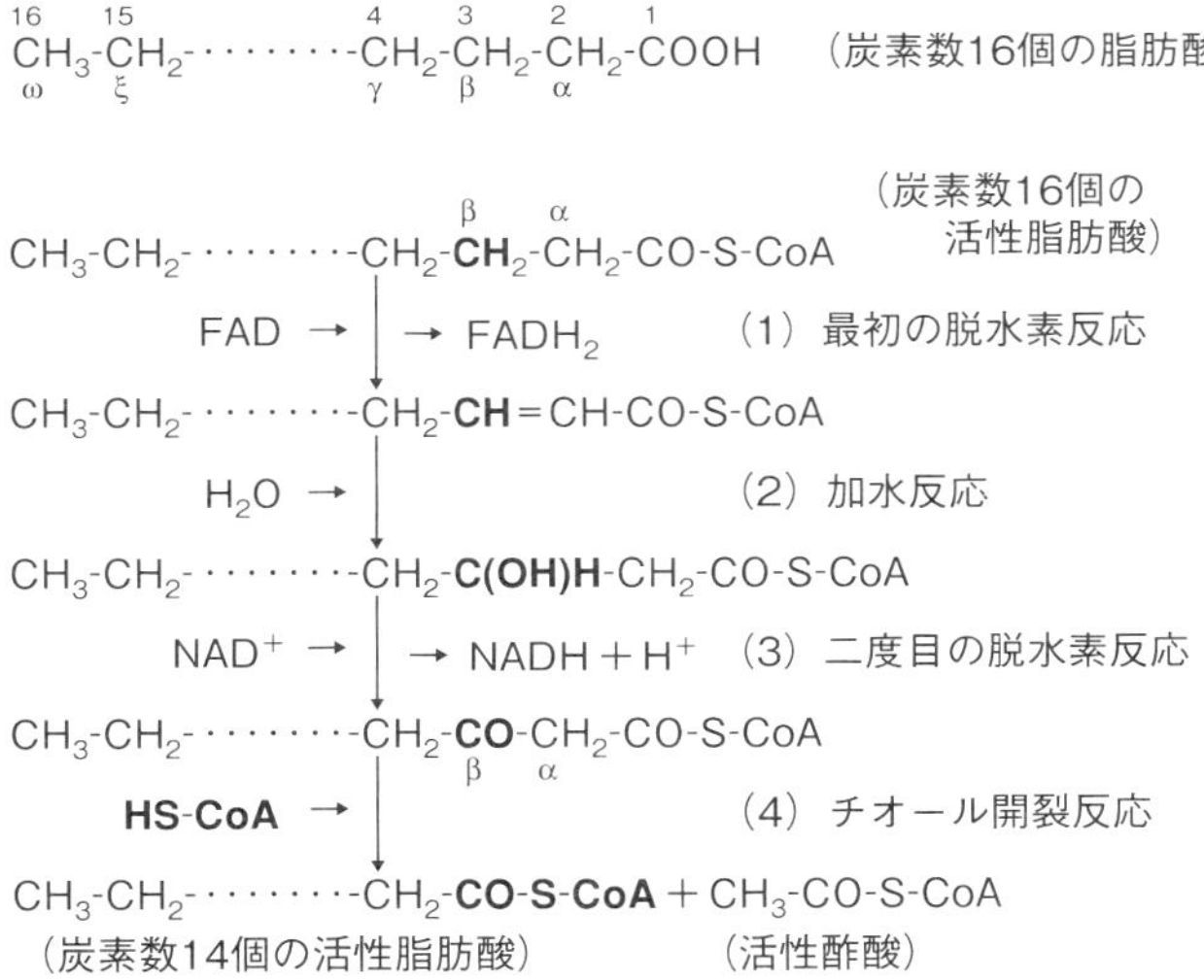

図2　脂肪酸とβ酸化の一サイクル

脂肪酸の炭素のよび方に二通りの方法があることを，本文で確かめておいてください。この一連の反応を「β酸化」ってよぶ意味はわかりますね。二度目の脱水素反応を受けた後では，初めに水素を2個もってたβの炭素だけがケト基に酸化されてしまっているからです。最後の反応では，コエー（HS-CoA）にあるチオール基が，炭素数14個の活性脂肪酸と活性酢酸（アセチル・コエー）との開裂に使われています。β酸化のサイクルが一回りするごとに，活性脂肪酸の炭素数が（活性酢酸になる）2個ずつ減っていくことを納得してください。

炭素を一番にして、反対側へ向かって二、三、四、と番号を振っていきます。もしその脂肪酸の炭素数が十六個なら、左端のメチル基の炭素は十六番です。二つ目の方法では、カルボキシル基がついてる二番炭素をα《アルファ》にします。αアミノ酸っていうときの言い方と同じですね。メチル基側へ向かってβ《ベータ》、γ《ガンマ》、とつけていって十五番炭素はギリシア文字の十四番目にあるξ《クシー》です。ところが左端のメチル基の炭素は、それが何番目だろうと、ギリシア文字の最後にくるω《オメガ》を使います。パラフィンを脂肪酸に変えるときに「ω酸化」って言ったのは、脂肪酸のメチル基側を酸化するのと同じ反応だからです。その詳しい様子は**図2**の下側に示しました。脱水素（酸化）、加水、脱水素、そして開裂、この四つの反応が、βの炭素に狙いをつけて進んでいますね。その一サイクルで、元の脂肪酸のα側の炭素二つが活性酢酸として切り出されることをわかってくだされば十分です。炭素数十六個の活性脂肪酸（パルミチル・コエー）が、七サイクルのβ酸化反応を受けると、八個の活性酢酸に変わるんです。

膜脂質の合成　石油酵母だって真核生物だから、脂質二重膜にはリン脂質があって、その疎水性部分は脂肪酸です。石油酵母も、ブドウ糖を炭素源にして生きてるときは活性酢酸から脂肪酸を合成します。だけど脂肪酸（やパラフィン）を炭素源にしてるときに、そんなムダはいたしません。取り込んだ（パラフィンをω酸化してできた）脂肪酸を活性化すれば、奇数のヤツなら奇数のままでリン酸化グリセロールの空いてる水酸基にくっつけられます。膜の脂質に使われてる脂肪酸が、自分でつくったヤツか取り込んできたヤツかって、どうしたら区別できると思いますか？　炭素数が奇数の脂肪酸（かパラフィン）だけを食べさせればいいんです。そして増えてきた酵母の膜から脂肪酸を取ってきて鎖の長さの分布を調べます。偶数のが主だったら自分でつくり直したヤツを使ってるワケだし、奇数のが主だったら取り込んだヤツをすぐ使ってることになります。なぜなら、炭素数二個の活性酢酸（薪《たきぎ》）から自分でつくり直したら、奇数の脂肪酸は絶対にできないからです。ただし、取り込んだ奇数脂肪酸の炭素を一個だけ除いて活性化しても偶数の脂肪酸になりますね。そんなコトがあるかどうか試したければ、偶数脂肪酸だけを食べさせればいいんです。そんなコトしてたら、偶数脂肪酸の炭素も一つ減って、こんどは膜のリン脂質が奇数脂肪酸になってるはずでしょう。実際にはそんなコト起こってません。偶数脂肪酸を食べさせたら、膜の脂肪酸も素直に偶数だけになってます。

❏奇数脂肪酸を貯めさせない

二種類の脂肪酸活性化酵素

石油タンパク質の話に戻ります。「パラフィンを食べさせて増やした酵母を食材にしたら、その細胞に含まれる奇数脂肪酸も食べちゃうことになる」って心配があったんでした。奇数脂肪酸を食べさせた酵母の細胞膜の脂肪酸はほとんど奇数だったから、そりゃ奇数と偶数が半々のパラフィンを食べさせたら膜の脂肪酸の炭素数も奇数と偶数が半々になりますよ。普通の石油酵母ならね。ところがです。それを偶数だけにする「手」が見えてきました。石油酵母は、脂肪酸を活性化する酵素を二種類もってたんです。動物でもヒトでもそんなコトがなかったから、想定外のことでした。とにかく二種類あるんで、Ⅰ型酵素、Ⅱ型酵素って区別しましょう。Ⅰ型酵素はリン脂質なんかをつくるのに使われる脂肪酸を活性化して、Ⅱ型の酵素はβ酸化で分解される脂肪酸を活性化してました。Ⅰ型とⅡ型とは、タンパク質としてもちがってました。タンパク質がちがうってことは、遺伝子がちがうってことです。Ⅰ型とⅡ型それぞれの遺伝子があるってことですよ。それなら、Ⅰ型かⅡ型のどっちかの遺伝子がダメになった「変異型」酵母もいるはずですね。

偶数だけにする「手」

炭素数が偶数だけのパラフィンを食べさせた酵母なら、奇数脂肪酸を含んでないでしょう。でも研究用に売られてる高価な偶数パラフィンを酵母に食べさせるなんて、知恵がなさすぎて「手」だなんて言えません。奇数と偶数が半々のフツーのパラフィンを食べさせても、膜の脂肪酸の炭素数を偶数だけにさせるところが妙味です。その「手」って、わかりますか? Ⅰ型酵素の遺伝子だけがダメになった変異型酵母(Ⅰなし酵母)を使えばいいんですよ。「Ⅰなし酵母」でもⅡ型酵素はもってますから、パラフィン由来の脂肪酸を活性化してβ酸化系に渡せます。そこでできた活性酢酸を使えば、偶数脂肪酸しかできません! これが「手」なんです。活性酢酸ができれば、酸素を使ったATP生産ができますし、「グリオキシル酸回路」っていう特別システムでブドウ糖もつくり出せます。このシステム、僕らにもあれば肥満の解消に役立つはずだけど、残念ながら、脂肪だけで生きなきゃならない植物の種子《たね》とか石油酵母とかにしかありません。

Ⅰなし酵母

問題は「Ⅰなし酵母」を見つけられるか、ってことだけど、いましたよ。「変異型」の生き物って、探す気になって探せば見つかるもんです。ソイツにフツーのパラフィンを食べさせたら、膜の脂肪酸の大部分は偶数でした。奇数だけのパラフィンや脂肪酸、偶数だけのパラフィンや脂肪酸、そのどれを炭素源にしても膜の脂肪酸は偶数でした。これなら主婦連の皆さんにも安心していただけるでしょう。しかし、時すでに遅し。飼料安全法の改定や原油価格の高騰の前に、「Ⅰなし酵母」の活躍の場はなくなっちゃってました。でもね、燃やされてる石油の量に比べたら、酵母に食べさす量なんて微々たるもんです。地球温暖化への対策として燃やされる石油が減っていけば、そして世界人口が増えて食糧不足がさらに深刻になれば、必ずや石油タンパク質が見直される日がくるはずです。そのときには、「Iなし酵母」にお声がかかるでしょう。

脂肪酸の合成系　脂肪酸の分解のされ方（β酸化）は、脱水素（酸化）、加水、脱水素、開裂、でした。だからつくるときは逆に、縮合、還元、脱水、還元、と進みながら炭素の数を二つずつ増やしていきます。「なーんだ。**図2**を下から上に遡《さかのぼ》るだけか」って思うと、それほど簡単じゃありません。**図2**の「活性脂肪酸」のβの炭素にだけ注目するなら、そう言ってもいいんだけど、β酸化系と脂肪酸合成系とはまったくの別ものなんです。「酸化系」と「合成系」のちがいのうち、大切な二つだけを言っときましょう。

一、変化中の脂肪酸を活性状態に保ってるのが、酸化系ではコエー（ADPを土台にしたあまり大きくない化合物）だけど、合成系では「アシル基運搬タンパク質」っていうタンパク質です。

二、酸化系で切り出されてくるモノはすべて活性酢酸（アセチル・コエー）だけど、合成系でくっついていくモノは、活性酢酸のメチル基に炭酸（カルボキシル基）をつけられた、炭素三つのマロニル・コエーです。ただし、この三つ目の炭素は「くっつく」ときに除かれるから、「くっついた」炭素は二個ですよ。それから、でき上がった脂肪酸のω側の二個の炭素は、活性酢酸から直接やってきてます。ここは「くっつかれた」部分だから、マロニル・コエーとは関係ないワケです。

第3話 酸素がらみの質問に

今日は、「酸素」や「酸化」についての質問を取り上げます。去年の補講でしゃべった酸化・還元の話に関連した質問が多かったからです。それに加えて、今学期からはじまった生化学の質問をもってこられた方もおいでなので、両方に関係があるテーマを選んで答えていくことにしました。まずは、「酸素を使わない『酸化的リン酸化』の話」からはじめましょう。

❏解糖系で乳酸をつくる目的は？

ピルビン酸の行方　これは、解糖系に続く、「NAD・乳酸回路」（☆乳酸まで進む理由）についての質問ですね。解糖の経路を示した図があるとわかりやすいですよ。どんな教科書にもこの図だけはあると思うので、出してみてください。僕が描いた極端に省略した図（☆解糖系）でも役に立ちます。どんな教科書でも出発点の物質は、炭素が六個のブドウ糖（グルコース）です。ところが終着点の物質は、教科書の筋書きによってちがってる可能性があります。乳酸とかエタノールにしてる場合があるかもしれないけど、解糖系の**終着点はピルビン酸**です。ピルビン酸が次にどうなるかは、その解糖系が働いてる細胞に十分な酸素があるかないかで、決定的にちがってきます。酸素が十分あれば、ミトコンドリアに入って（取り込まれて）いって、その分は二酸化炭素（CO_2）になっちゃいます。十分な酸素がない場合、その細胞が動物の筋肉だったり乳酸菌だったりしたら乳酸になります。でもそれが酵母なんかだったらエタノールがゴールです。

酸素不足の筋肉では

乳酸菌よりはヒトの筋肉のほうが親しみやすいから、必死に走って酸素不足になった筋肉の細胞で話を進めます。筋肉細胞にはミトコンドリアがたくさんありますよ。でも酸素が使えないから電子伝達系は全線ストップ状態です（☆ 呼吸する意味）。これがストップしてたら、ソコへ電子を渡すために回ってるクエン酸回路（ＴＣＡ回路）だって働く必要ありません。すると、ピルビン酸を取り込んでこの回路の燃料になるアセチル・コエーをつくる必要も、なくなります。この状態は、酸素があるときにはピルビン酸の大口消費者になる工場の、ストライキみたいなもんです。ピルビン酸には小口の買い手があるからまだいいんですけど、困るのはＮＡＤ＋《プラス》（☆ クエン酸回路）の欠乏です。コイツが登場するのは、解糖系の図で炭素六個のリン酸つき化合物が炭素三個の分子二つに千切れた直後でした。そんな場所、見つかったでしょう？　その同じ場所でリン酸も入ってきて、炭素三つにリン酸が二個ついた状態になってますね。リン酸を何かに簡単につけられるなら、価値の下がった（リン酸二個の）ＡＤＰに、直接もう一個リン酸をつけて、生体エネルギー通貨のＡＴＰに再生してやれるはずです（☆ ＡＴＰの使用と再生）。それができないから苦労するんですよね。解糖系の**この場所**では、その**直前の物質**（炭素三個にリン酸一つのヤツ）のアルデヒド基から電子（と水素）をＮＡＤ＋に渡したから、その跡へリン酸基を入れることができたんです。

ＮＡＤ＋不足の解消

くり返して言うと、酸素の不足してる細胞では、ピルビン酸が貯まる一方でＮＡＤ＋がなくなっちゃいます。ＮＡＤＨと水素イオン（プロトン、Ｈ＋）になって貯まってるんです。ミトコンドリアが働いていれば、これも電子伝達系に使われて、ＡＴＰ再生に役立つはずなのに、その道は閉ざされていました。酸素が足りないために、解糖系まで「フン詰まり」状態です。これじゃ、その細胞は生体エネルギー（ＡＴＰ）を使いきった段階で、死ぬしかありません。しかし何かがＮＡＤＨから電子を除いて（ＮＡＤＨを酸化して）くれれば、再びＮＡＤ＋に戻れるはずです。貯まっているピルビン酸は、幸いにもかなり酸化の進んだ分子だから、これでＮＡＤＨを酸化すれば、「フン詰まり」解消に一石二鳥の効果があります。それで筋肉細胞には、この反応を触媒する酵素が備わってるんです。この酵素は「乳酸脱水素酵素」ってよぶことに決まってるんだけど、ここでは名前とは逆にピルビン酸の還元を触媒します（**図３**）。解糖系の終点にこの反応を加えると、

	ピルビン酸				乳酸	
	CH_3-C(O)-COOH ＋	NADH ＋	H^+	⇄	CH_3-CH(OH)-COOH ＋	NAD^+
電子数	46	345	0		48	343

図３　乳酸脱水素酵素の反応

反応が左から右へ進めば，解糖系の「フン詰まり」を解消して，乳酸ができます。逆に右から左へ進ませれば，酵素名のとおりに乳酸から水素（大切なのは電子なんですけどね）が抜き取られて，ピルビン酸ができます。普通は反応式に電子なんか書き入れません。ここでは特別にこの反応で動かされる電子を，示性式の上の小点（・）で模式的に描いてみました。参考にはなるでしょう。反応式の下の値は分子やイオンに含まれてる電子（マイナス値）の数です。

ピルビン酸の代わりに乳酸が貯まることにはなるけど、ＮＡＤ＋のリサイクルが成り立つから、去年の講義ではこの反応に、「ＮＡＤ・乳酸回路」って名前をつけました。

「酸化的リン酸化」の罪深さ　酸素があるときにミトコンドリアで行なわれるＡＴＰへの再生だけを「酸化的リン酸化」ってよぶ習慣は、罪深いですよ。解糖系でＮＡＤ＋を使うさっきの場所じゃ、その「直前の物質」は電子をＮＡＤ＋に預けたんだから酸化されてます。そのうえリン酸をくっつけられてるから、ここでも「酸化的リン酸化」が起こってると思うでしょう。ところが罪深い習慣では、この反応を「基質レベルのリン酸化」とよぶんです。それで誰もが混乱しちゃうんですね。だから、クエン酸回路や電子伝達系を使うＡＴＰの再生のことは、「酸化的リン酸化」なんていうのをやめて、「電子伝達系に依存したＡＤＰのリン酸化」ってよびましょう。解糖系のさっきの場所は、「ＮＡＤ＋に依存したＡＤＰのリン酸化」にして、ピルビン酸までに起こるＡＴＰ再生を二つにまとめる場合なら、「電子伝達系が関与しないＡＤＰのリン酸化」でいいと思いますよ。

❑酸化っていったい何ですか？

素《そ》っ気なく言えば　「自分の電子を失うことだ。相手に電子を与えることだといってもよい」、これでおしまいです。「酸化とは、酸素原子を受け取るか、または水素原子を失うことだ」っていう言い方もあります。化学の先生からはバカにされる応用範囲の狭い説明だけど、人間がモノを食べてエネルギーをつくるなんていう反応に限れば、かなり役に立ちます。

今の地球じゃ自然なコト　「植物の繁った現在の地球で起こる酸化」は、高い所にあったリンゴが地面に落ちてくることや、大きな岩が風化されて砂粒になっちゃうことと同じくらい、「自然なコト」です。「生ある物は死し、形ある物は壊れる」に比べるとチョッと確かさが劣るんだけど、大概のモノは酸化されていく運命にあります。なぜなら、（一）植物が酸素分子を補給し続けてて、その酸素分子は、（二）ヒドク電子の足りない酸素原子どうしがムリヤリ共有結合してる状態だからです。少しでも電子に余裕のある分子にくいついて、「ムリヤリ状態」を解消しようとするワケです。ここできりあげてもいいんだけど、やや中途半端な感じだから、もう少し補足します。

植物のおかげ

（一）の「植物が補給し続けている」は、「植物が繁っている限り」酸素分子は大気中に補給され続けてるから、地球規模の酸化・還元反応は平衡状態（☆「平衡」が大切）にならない、ってことです。だから酸化が進み続けるんです。植物（や「酸素を吐き出す」その仲間）がいなくなったら、いつかは酸素の濃度が下がってきて、外に置きっぱなしの自転車が錆びなくなる代わりに、平地にいる人がバタバタと「高山病」で倒れるようになるでしょう。「だから緑を守りましょう」なんていう、「環境問題」に入り込むのはやめときます。

電子の欲しがり方

（二）の「電子が足りない状態」のほうは、チョッと複雑です。酸素が二重結合してる分子はたくさんあります。炭素が酸素分子で酸化されてできた二酸化炭素（O=C=O）もそうですね。でもこの酸素はスゴク安定で、ほかのモノを酸化したりしません。それは二重結合の相手が炭素だからです。炭素の最外殻電子は、満員状態（八個）のちょうど半分（四個）です（☆電子の数と元素の種類）。「電子が一つ増えても減っても大したコトはない」と、鷹揚《おうよう》にかまえているから、炭素と共有結合してる酸素はそれに甘えて、電子に対する「ハングリー精神」を失ってます。

それに比べて酸素分子になってるときは（普通はO=Oと描くけど、–O–O–としたほうが似合うくらい）、お互いがハングリー精神をむき出しにして異常に電子を欲しがるから、酸化する力が強いんです。窒素分子（N≡N）は、空気中に酸素分子の四倍もあります。だけど酸素みたいな異常さはなくて、とても安定（酸化力は弱い）です。フッ素は最外殻電子が満員状態に一個足りなくてイライラしてる元素ですから、分子（F–F）になったときに酸素よりハングリーなのは当然です。条件を同じにして酸素分子と酸化力の競争をさせたら、フッ素が圧勝しますよ。だけど空気中の濃度が酸素より桁違いに低いから、化学工場から漏れ出したときにしか問題になりません。

還元は面倒なコトか　今の地球で起こる酸化を、リンゴが落ちるくらいに自然なコトだというなら、酸化の逆になる還元は、リンゴを拾い上げるくらいに面倒なコトになりそうですね。還元されるモノに注文をつければそうです。だけど、酸化が起これば必ず別なモノが還元されてるんだから、注文さえつけなきゃ面倒はありません。使い込んだ鉄の包丁の背が黒く（酸化第二鉄に）なってるのは、長い時間をかけて鉄が酸素を「自然に」還元したからです。エタンを「ボン」と酸化させるときに使う火花は、長い時間を一瞬に縮めるための鞭《むち》です。このときも酸素が自然に還元されてます。でも、細胞がエタンで「ＮＡＤ＋を還元したい」と注文を出したら、最初にＮＡＤＨを投資に使う「面倒な」三段階の反応が必要です（☆ エタンの酸化）。また、「例の解糖系の場所」でＮＡＤ＋を還元できたのは、あの「直前の物質」（グリセルアルデヒド-3-リン酸）がアルデヒド基（–CHO）をもってたからです。アルデヒド基は還元剤だったし（☆ 糖のあいだの結合）、この反応を触媒する酵素がその還元力をうまく活かしてくれるから、ＮＡＤＨをつくることができたんです。

❏NAD+が電子を預かった状態は？

構造式は不要です　NAD+が預かれる電子は二個と決まってます。だから、その状態っていえば、NADHになるコトです。だけどお供（プロトン）の一人は、NADH分子の中に入れられなくて解雇されます。**図3**の反応が、右辺から左辺へ動いたと思ってください。右辺の乳酸がもっていた「お供つきの電子」を二つ、NAD+に移動させた状態が、左辺です。乳酸はピルビン酸に変わって、NADHとお供の一方がプロトンになってますね。NADHのNADは、ニコチンアミド・アデニン・ジヌクレオチドという少し複雑な形をした分子の略号で、最後のHは水素原子ですよ。これさえわかれば、その複雑な分子構造なんて、どうでもいいでしょう?

電子の移動が大切　大切なのは、電子が乳酸からNAD+へ移ったということだけです。酸化・還元で還元されたモノは、電子が増えてます。原子核のまわりを飛び回ってる電子はエネルギーをもってるワケだから、**「電子の移動はエネルギーの移動だ」**って考えればいいんです。普通、反応式では電子なんか書き入れませんけど、ここでは特別に黒点で示しました。まぁ、漫画（模式図）です。どんな原子も、原子核にあるプラスの陽子と、核のまわりを飛び回ってるマイナスの電子は、数が等しかったんですよね（☆電子と原子核）。左辺や右辺にプラスの符号（+）があるのは、どっちも、陽子の総数より電子の総数のほうが一個少なくて、差し引き「プラス一」になってるからです。念のために反応式の左辺側から順に、陽子と電子の数を（陽子数、電子数）として書いておきます。ピルビン酸（四十六、四十六）、HNDH（三百四十五、三百四十五）、水素イオン（一、〇《ゼロ》）、右辺に移って乳酸（四十八、四十八）、NAD−（三百四十四、三百四十三）です。合計すれば、左辺も右辺も、プラス三百九十二とマイナス三百九十一になることを、確かめてください。

電子の数で　いま陽子の数と電子の数を書いたけど、酸化・還元の話なんだから必要なのは電子の数だけです。「電子の数」だけ言ったらマゴックだろうと思って、陽子の数も書いたんです。陽子の数なら、それぞれの元素の原子番号を組成式の数だけかけて、後で足し合わせば計算できますね。ピルビン酸（$C_3H_4O_3$）の場合なら、炭素、水素、酸素に順に、六の三倍足す、一の四倍足す、八の三倍で、四十六です。どの元素もイオンにならない限り陽子の数と電子の数が同じなんだから、ピルビン酸の電子数は四十六だとわかります。乳酸（四十八）と比べれば電子が二個少ないので、ピルビン酸のほうが酸化されてる状態なんです。ＮＡＤ＋の場合、示性式（$C_{12}H_{27}N_7O_{14}P_2$）を知ってれば、陽子数を三百四十四って出せますけど、知らなかったら「x」にしとけばいいんです。ＮＡＤ＋はプラス一の陽イオンなんだから、陽子数がxなら、電子はそれより一個少ない「x引く一」です。ＮＡＤＨは、ＮＡＤ＋に水素原子が一つ加わってるので、陽子数は「x足す一」で、こっちはイオンじゃなくて分子だから、電子数も「x足す一」ですね。電子で見れば二個の増加です。水素の数だと差は一個だけど、ＮＡＤＨはＮＡＤ＋が電子二個分還元されてることがわかりますね。そこで「解雇されたお供」のプロトン（H^+）を加えると、反応式の両辺が揃います。これが、ＮＡＤＨとプロトンを「対にして書く」意味です。ところで、ヒトの体（細胞）で起こる反応すべてに酸化・還元が関係してるワケじゃありませんよ。加水分解の反応も、「ＡＴＰを使う」大概の合成反応も、酸化・還元とは無関係です。酸化・還元反応は、全体の三割ほどです。

❏赤血球と脳が特別な理由は?

脂肪だけでは　僕らはいくら脂肪を貯め込んで太ってても、水とサプリ（ビタミンと必須アミノ酸が入ってることにしましょう）だけじゃ生きていけません。「『ハンガー・ストライキ』は、死を覚悟した抗議行動」と言ったし（☆ヒトはパンのみにて…）、「難破した船乗りには最後の命綱」（☆あなたにも大切）の話もしましたね。だけどちがう話題のなかだったから、筋をとおして理解するのが難しかったでしょう。まずは、体に貯まった脂肪と水とサプリじゃ生きていけない、ってコトを確認しときます。「体に貯まった」脂肪も、もちろんエネルギーづくりには使えるんですよ。皮下脂肪より内臓脂肪のほうが少しはエネルギーづくりに使いやすい、ってことは確かだけど、そんなのは無視できるほど些細な差です。大切なことは、「デンプン（パンでもご飯でも）があれば生きていけるけど、脂肪じゃダメだ」っていうことです。チャンと生きていくには十分なタンパク質も必要だけど、筋肉が細くなっていくのを我慢すれば、しばらくは摂らなくても死にはしません。脂肪だけじゃ生きていけない理由は、赤血球と脳が、ブドウ糖なしでは活動できないからです。

赤血球の数　ヒトの体にある細胞の数って、六十兆個から百兆個くらいまでいろいろ言われてます。余談だけど、ヒトに棲みついてる細胞（主には細菌です）が無視できないんです。何百種類にもわたるその総数は軽く百兆個を超えていて、それぞれの勢力争いの結果によってヒトの体臭とか健康状態とか、本人の個性と思われる特徴を陰で操《あやつ》ってるんです。さて、赤血球の話です。血液一ミリリットル中に、女性なら四十五億個、男性なら五十億個くらいあります。そして血液の量は体重のおよそ十三分の一（約八%）なので、体重六十キロの女性なら二十一兆個、七十キロの男性なら二十七兆個の赤血球がある計算です。きっと細胞の総数も性別や体重でちがうんでしょうね。確かなデータがないからゴク大まかにしか言えないけど、ヒトの体の全細胞中でたった一種類の赤血球という細胞が三割ほどを占めてるのは確かです。これって、スゴイことですよ。

赤血球の役目

それはもちろん、「酸素分子をつけたり離したりできるヘモグロビンっていうタンパク質」を詰め込んで、血管を伝って、「肺」と「体のスミズミ」との間を高速で往復することです。活動的な哺乳動物のエネルギー生産をまかなうには、莫大な数の赤血球が高速で走り回らなきゃならないくらい、酸素が必要なんです。だから一個の赤血球には、できるだけたくさんのヘモグロビンを詰め込んでおきたいワケです。そのために哺乳類の赤血球は「場ふさぎ」な細胞核を押し出して捨てちゃいました。細胞の中枢器官（核）を捨てるくらいだから、ミトコンドリアなんかを残しておくはずがないでしょう。だから赤血球にはクエン酸回路も電子伝達系もＡＴＰ再生系もないんです。体の残りすべての細胞に十分な酸素を送り届けるために、自分自身は酸素を使えない細胞になっちゃったんです。皮肉な話でしょう。酸素を使わないで生きていくには、解糖系だけでＡＴＰを細々《ほそぼそ》とつくるしかありません。だからブドウ糖が不可欠なんです。

脳という組織

脳はたくさんの神経細胞が、複雑なネットワークをつくってできてる組織です。脳はコンピューターにたとえられることが多いけど、僕は「ゲノムに似ている」と思います。ヒトのゲノムを、「人類の遺産であり、同時に究極の個人情報」っていうんなら（★ヒトのゲノムとあなたのゲノム）、ヒトの脳だって同じ表現があてはまるからです。それはそれとして、僕らの脳は一千億個以上でおそらく二千億個以下の神経細胞でつくり上げられてます。そのなかであの大きくて派手な

「大脳」の細胞は、わずか百数十億個くらいなんですって。残りの九割くらいの細胞は、「縁の下の力もち」的な地味な働きをしいてる「小脳」と「脳幹」をつくっています。脳全体は、大人の場合なら体重の二パーセントくらいなのに、消費するエネルギーは二十パーセントにも達します。贅沢な組織といえばそうだけど、それだけ重要な仕事をしてるともいえますね。

脳が脂肪を利用しない理由

赤血球の場合とはちがいます。脳は酸素も贅沢に使うんです。「窒息死」って言葉があるでしょう。呼吸が止まって死ぬんだけど、その前に脳が酸素不足に陥ります。脳幹は大脳より優遇されてるから、意識がなくなっても呼吸はできる「植物人間」の状態が最初です。脳幹までやられたら呼吸の止まる「脳死」になって、そのあとに「心停止」がきます。こう聞けば、普段は、脳が酸素をたくさん使ってること、だからミトコンドリアが活発に働いてることがわかるでしょう。なのに、なぜブドウ糖しか脳のエネルギー源になれないのか？　それは脂肪（酸）が、脳に張り巡らされてる毛細血管から脳組織（神経細胞のネットワーク）へ、ほとんど出してもらえないからです。脳以外の組織に行ってる毛細血管からなら、脂肪の出入りは自由ですよ。心臓の筋肉の細胞なんかは、脂肪をジャンジャン燃やしてＡＴＰをつくってます。

脳の毛細血管の秘密

体のほかの部分と比べて、脳へ行ってる毛細血管はナニがドウちがうのか説明しましょう。血管を輪切りにすればわかるんだけど、管の壁はおよそ五つくらいの層が重なってできています。一番内側の血液と直《じか》に触れてる層は、一種類の細胞一個だけでできてます。「一個だけ」の意味は、「この層の厚みが細胞一個分だ。重なってなくて、トテモ薄い壁だ」ってことですよ。断面図で見れば、血液のまわりをグルリと一回り取り囲んでる細胞の数は、そりゃいくつもあります。

ほかの組織と脳の毛細血管のちがいは、この細胞の**密度と能力**です。まず脳ではスゴク緻密にくっつき合ってて、細胞と細胞の間をすり抜けられないようにしてるんです。これは大切な脳組織に、有害な物質をもぐり込ませないための用心です。それから、排出用のポンプ装置がいくつもあって、疎水性の物質が入ってきても、それを血管側に吐き出してるらしいです。当然だけど、ブドウ糖とかアミノ酸とか神経細胞に必要な物質は、堂々と通過させてもらえます。一層の細胞（内皮細胞）層と「堂々と脳の側へ通過させる仕掛け」をひっくるめて、「血液脳関門」ってよばれてます。僕が信用してる教科書の最新版（アルバーツ他『細胞の分子生物学』第四版、ニュートンプレス）でもこの「関門」の説明は巧みに避けられてるから、たぶん詳しいコトは、専門家にもわかってないんでしょう。脂肪酸のなかには通過できるモノがありますけど、ＡＴＰ生産の材料にできるほど多量に堂々と通過するのは無理なんです。だから脳は、ブドウ糖を材料にして酸素を使ってＡＴＰをつくってるワケです。

第4話　核酸あれこれ

今日は核酸というモノの話をします。僕が今度の補講をしようと決めた理由の一つは、人間の利己主義と「利己的な遺伝子」の関係についての質問があったからです。そもそも「利己的」って、ほかのヤツに迷惑かけてでも自分の利益を追求することでしょう。でも、「遺伝子」の実体は核酸（フツーはＤＮＡ）っていう物質のことだから、それが「自分」だの「他人」だのっていうのはチョッと変だと思いませんか？　そんな「変なこと」を考えるときには、核酸のことをいろいろ知ってたほうがいいんです。いろいろあるので、このテーマは何回かに分けてお話しします。

❏遺伝物質のいろいろ

リボース型の核酸　去年の前期、遺伝の情報が書かれてるモノは**DNA**で、ＤＮＡとは「デオキシリボース型の核酸」っていう、ベラボーに長い物質の略号だって、言いましたね（★遺伝子を食べてみよう）。これを聴けば、**核酸**ってモノのなかには「デオキシリボース型」じゃない別の型のヤツもあるんだな、って想像できるでしょう。そうなんです。「リボース型の核酸」ってのもあって、**RNA（アールエヌエー）**とよばれています。「核酸」には、DNAとRNAの二種類があるんです。核酸に共通するイメージなら、四色のブロックを連結させた、長い鎖みたいなモノですね。ブロックのほうはヌクレオシドっていう複合分子で、連結器はリン酸です。**ヌクレオシド**は、**塩基**と**五炭糖**がつながった物質の一般名でした。そしてDNAの塩基にはチミン（T）、シトシン（C）、アデニン（A）、グアニン（G）の四種類がありましたね。いまから紹介するRNAの塩基も大体同じだけど、Tの代わりにU（ウラシル）が入ってます。五炭糖のほうは核酸の名前のとおりで、RNAにはリボースが使われて、DNAではデオキシリボースなんです。RNAでもDNAでも、それぞれのブロックの五炭糖にリン酸が一つでもついた物質は、**ヌクレオチド**ってよばれます。ヌクレオシドにリン酸がついたらヌクレオチドです。紛らわしいけど記憶しといてください。

RNAとDNA　このほかにも、RNAとDNAのちがいがいくつかあるので、**図4**にまとめておきました。基本の形とは、ブロックがつながった鎖の形のコトです。DNAでできる塩基対の種類は**TとA**、**CとG**でした（★DNA）。RNAでは**UとA**の塩基対ができます。一本の鎖なのにRNAも塩基対をつくれる理由は、鎖がどこかでUターンしたら二本の鎖が逆向きに並ぶからです。そのとき……CCAAG……→の隣りに偶然←……GGUUC……なんて配列がきたら、ここで五つ続いた塩基対ができるじゃないですか。だからRNAでも塩基対が、「偶然できる場所で部分的に」できるってワケです。TとUのちがいは塩基対をつくるコトには影響しないので、RNAとDNAの雑種もつくれます。そのときのDNAは一本鎖で、RNAとはエッ鎖とホイ鎖の関係（★DNA）になってないといけません。RNAは遺伝子ごとにつくられるのが普通だから、短いですよ。今の細胞は遺伝情報をDNAに書き込んでいて、それを代々親から子へ伝えてます。伝えられる情報の代表はタンパク質のアミノ酸の並びを決める名簿でした（★遺伝子の出番）。その名簿をコピーするのに使う「紙」が、RNAです。アミノ酸名簿じゃない部分をコピーしたRNAも大切です。**遺伝子**を正確に表現すれば、ゲノムDNAのなかの「RNAにコピーされる部分」ってことになります。

「発現」ということ　情報自体は仕事をしません。その情報を使って、必要なときに適切な仕事のできるタンパク質をつくることが「遺伝情報の発現」です。前に「G線上のアリア」の楽譜を破って、

	RNA	DNA
五炭糖	リボース	デオキシリボース
塩基の種類	U, C, A, G,	T, C, A, G,
基本の形	1本の鎖が適当な形に折れ曲がる	2本の鎖が逆向きに絡んでラセン状になる
形をたとえると	絹のストッキング	やたらと節の多い竹竿
塩基対の種類	UとA，CとG	TとA，CとG
塩基対のでき方	偶然できる場所で部分的に	生まれついての宿命で端から端まで徹底的に
もってる情報の量	せいぜい遺伝子数個分	とにかくたくさん
分子全体の長さ	短い	べラボーに長い
今の細胞での役割	遺伝情報の発現の仲介	遺伝情報の保存と伝達

図4　RNAとDNAの比較

基本の形とは，ブロックをつなげてできた鎖の形のコトです。1本の鎖しかないRNAでも塩基対ができる理由は，本文の説明でわかっていただけると思います。AはUともTとも塩基対をつくれます。だから向きが逆で，お互いの配列が，塩基対をつくれるようになっていれば，RNAの鎖とDNAの一方の鎖との間でも2本鎖の雑種の核酸ができるんです。

「こっちの半ペラはもう楽譜（遺伝子）じゃないけど、依然として五線紙（DNA）だ」って言ったことがあるでしょう（★楽譜が遺伝子なら）。そのノリで言うと、この曲を演奏することが遺伝子の**発現**なんです。発現には二段階あって、（一）DNAの情報をRNAに写す**転写**の段階と、（二）そのRNAの情報に従ってタンパク質をつくる**翻訳**の段階に分けられます。RNAは何種類かの大きなグループに分かれて、この「発現」にからんだ「仕事」をしています。もちろんどのRNAも、DNAのエッ鎖かホイ鎖どちらかを鋳型にしてできた鋳物です。ただし、「アミノ酸名簿にならないRNA」もあるワケですから、そんな遺伝子の場合の「発現」には翻訳の段階がありません。くり返して申しますけど、どんなRNAの鋳型になるDNA領域も「遺伝子」なんですよ。

RNAも仕事をする

「細胞のなかで仕事をするのはタンパク質でしょう？　RNAも仕事をするんですか？」って、これはとってもいい質問です。この質問が「RNA世界」の扉を開きます。ま、順を追って進みましょう。細胞に必要な仕事はたくさんあって、それをこなしているのはさまざまなタンパク質でした（★なぜかタンパク質の話）。細胞のなか（やその周辺）で起こる化学反応をスピード・アップする**触媒**の役を果たすいろんなタンパク質は、「酵素（エンザイム）」ってよばれるんでしたね。でも、RNAも仕事をするんです。さっき、RNAはDNAと雑種をつくれるって言ったでしょう。だからRNAは、特定の配列をしてるDNAにくっついて、タンパク質にその場所を教えるなんて仕事にはトテモ向いています。RNAどうしでも塩基対をつくれるから、たとえば「アミノ酸名簿」のRNAに貼りついて付箋《ふせん》の役目も果たします。驚くでしょうけど、酵素みたいに触媒作用をするヤツもいるんです。いろんなRNAグループのうち、老舗《しにせ》の御三家の名前だけ紹介しときます。

アミノ酸名簿のRNAは**メッセンジャーRNA**（**m**《エム》RNA）、その名簿の名前に貼りついて名簿どおりにアミノ酸を連れてくるのが**トランスファRNA**（**t**《ティー》RNA）、連れてこられたアミノ酸どうしを結合させるのが**リボソームRNA**（**r**《アール》RNA）です。「結合させる」って、ペプチドをつくる化学反応（☆ペプチド結合）を「触媒」することだから、RNAも酵素みたいな働きをするってワケです。

❏RNAは遺伝子に向いてない？

RNAもDNAもさまざま　RNAは一本鎖で、DNAは二本鎖（の二重ラセン）ですね。細胞をもつ生き物だけを考えてる限り、それで結構です。だからさっき、そういうふうに書きました（**図4**）。でも細胞のあるなしにこだわらないで、ウイルスのゲノムも含めれば、二本鎖のRNAがあるし、一本鎖のDNAや、二本鎖だけど両端でつながってる（綿棒の輪郭）のもあるんです。

二本鎖のRNAとDNA　二本鎖のRNAって聞くと、「二本鎖なら、DNAとソックリな形になるんだろう」って思われる方もおいででしょう。でも実際はかなりちがうんですよ。二重ラセンのDNAは、やたらと節《ふし》の多い竹竿《たけざお》みたいな（ただしよく曲がる）モノです。「節」って、筒の内側にある塩基対のことです。竹筒の外側は糖とリン酸で包まれてるからツルンツルなワケ。だけど二本鎖のRNAは、一夜干しの少し乾いたDNAみたいで、竹竿が上下方向にちぢんでます。それから、RNAの五炭糖はリボースだから、二番の炭素には水酸基がついてました（☆不動産と現金）。DNAの糖はデオキシリボースなんで、ここには水素しかついてません。**図5**で比べてみてください。右側のDNAでは糖にくっついてるのが塩基とリン酸基だけで、別な何かと反応しそうなモノはありません。「ＤＮＡの外側がツルンツル」とは、こういう意味です。だからこそ「安定」で、遺伝情報の保存役として信頼されてるワケでしょう。これに対してＲＮＡには二番炭素に水酸基があります。水酸基は水素結合をつくったり（☆水の秘密は）、何かと反応しやすいんです。二本鎖ＲＮＡの外側には引っかかりがあるから、そこにつけ込まれて簡単に壊されます。もちろん一本鎖の場合でも、ＲＮＡは

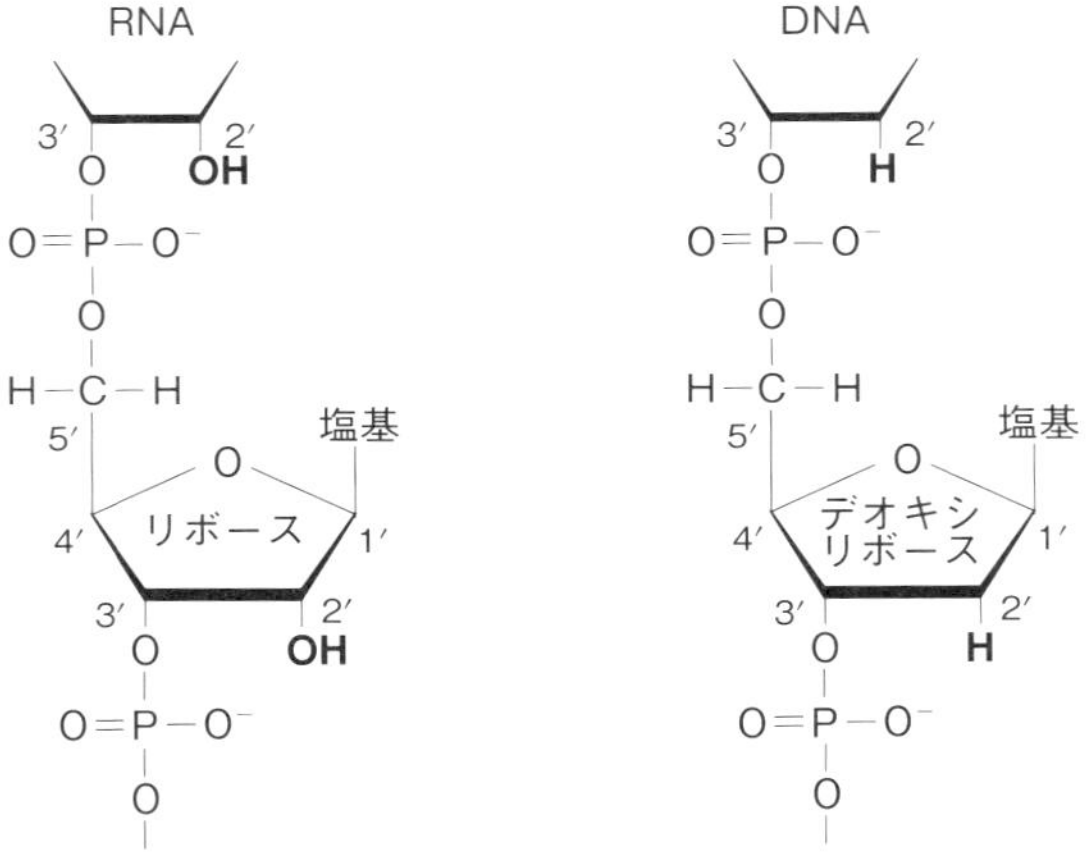

図5　RNAとDNAの鎖のちがい

左側にはRNAの鎖の，右側にはDNAの鎖1本だけの，それぞれホンの一部を示しました。両方でちがうトコロは，五炭糖の2番の炭素についているのが，水酸基か水素か，ってコトだけです。RNAの五炭糖はリボースなのに対して，DNAのほうはデオキシリボース（丁寧に言えば，2′-デオキシリボース。二番炭素の酸素原子を除いたリボース，って意味）だからです。そのために，DNAはほかのモノと反応しにくくて，「安定」なんですよ。五炭糖の炭素番号に「′」がついてるのは，塩基のほうに「′なし」の番号を譲ってるからです。

なにかにつけて「不安定」なんです。形の決まってない、破れやすい、絹のストッキングみたいです。

ウラシルは悪くないのに

RNAとDNAには、塩基のちがいもありました。シトシン（C）、アデニン（A）、グアニン（G）は共通なのに、RNAはウラシル（U）を使い、DNAはチミン（T）を使ってます。Aと塩基対をつくることではUとTで差がないのに、細胞の遺伝情報システム（DNA）ではTが使われてます。なぜでしょうか？　炭素についてるアミノ基（$-NH_2$）ってワリと簡単に酸素と置き換えられて、カルボニル基（$>C=O$）の形になっちゃうんです。シトシンの頭にあるアミノ基でこの反応が起きると、ナンとその産物はウラシルなんですよ。CとUが同時に使われてる情報文では、校正装置がUを見つけても、本来のUか、Cが壊れてできたUか、区別つかなくて校正のしようがないんです。そういう情報文だと、元の意味がすぐ変わっちゃいますよね。そこへ、ウラシルの五番の炭素にメチル基（$-CH_3$）をつけたチミンが登場しました。CとTが使われてる情報文でUが見つかったら、それはCの残骸に決まってます。迷わずCに戻せばいいんだから、情報の保護はバッチリです。この関係、図にしなくてもわかりますね（気になったらマトモな教科書で見てください）。この改良型ウラシル（T）の入ってるDNAをもっていた細胞が生き残って、今いる細胞の先祖になったんです。逆に細胞の防御システムの裏をかいて増える「ウイルス」には、想定外の変身ができる（Uの入った）RNAをもってたヤツらが多く生き残ってますね。トリのインフルエンザウイルスも、こういう変身をくり返してヒトにも感染しようとしてるんです。

❏核酸が生まれる前に

大昔の核酸

上野雄一郎さんたちは約三十五億年前の地層から、すでにこの時代の地球にはメタンをつくる生き物がいたという証拠を見つけておられます。この生き物は今のアーケア（細菌モドキ）の先祖ですから、この時代にはバクテリア（細菌）とアーケアとが分かれていたかもしれません（☆五界説の破綻）。そこは定かじゃないけれど、次の二点なら推理できます。（一）この約三十五億年前の時代には、もう「今の細胞」の基本ができてただろう。だから、（二）その時代のRNAは、すでにDNAの遺伝情報を「発現」するための「仲介役」になってたんだろう。今の細胞でのRNAの役割が「遺伝情報の発現の仲介」なんだから、理屈としてはそうなりますよね。で、この段落の見出しに使った「大昔」って、「そうなる前」の、地球で海と陸ができた約四十億年前から今の細胞の基本ができるまでのことです。そういう「大昔」にはまだDNAがなくって、もし核酸みたいなモノがあったとすれば、それは「RNAみたいなモノ」だったでしょう。

原始のスープ

およそ四十六億年前に生まれた高温でドロドロの地球は数億年かけて冷やされて、ようやく陸とわずかな海（水はまだ少なかったから）とができました。そのころの海には生き物なんか全然いないのに、「今の生き物」でも使われている分子たちが、ほかのいろんな化合物と一緒に溶け込んでいたんです。何種類ものアミノ酸やヌクレオシドなんかが、濃い状態で海水に溶けていたから、塩味のきいたコンソメ・スープみたいになってたワケですよ。それでそういう海を「原始のスープ」とよぶことがあります。でも、海全体が均一なスープだっていうつもりはありません。河口から続く干潟で煮つまったスープと、海底から噴き出す火山ガスで沸き立てられたスープとじゃ、具《ぐ》（成分）の種類やその割合がちがってたでしょうからね。

アデニンは青酸から　ヌクレオシドって、五炭糖のリボースにアデニンとかの塩基がつながってる複合分子でした。アデニンだけでもかなり複雑そうに見えます。けどそのアデニンは、構造式のうえじゃ、「青酸カリ」の青酸（H−C≡N、CとNのあいだの共有結合は三本です）を五つならべて、その共有結合（☆分子は共有結合で）をつなぎ換えるだけでできちゃうんです（**図6**）。この図の左側の青酸がどれもが変な格好してるのは、それぞれの原子をアデニンになったとき（右側）の位置に置いたからです。共有結合の線の種類を変えてるから、結合がつな

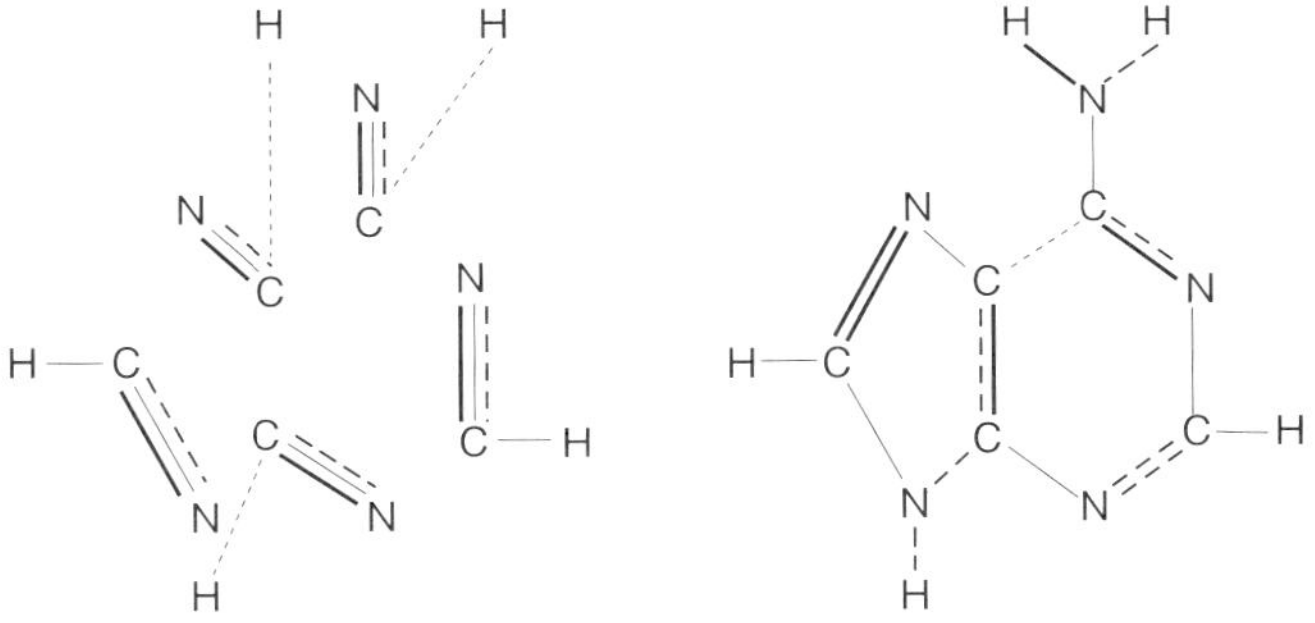

図6　五つの青酸からでもアデニンが

5個の青酸（左図，H−C≡N×5）の共有結合の手を動かすだけで，アデニン（右図，$C_5H_5N_5$）が描けます。青酸のCとNを結ぶ三重結合は三種類の線の組合せで表しました。CとHの結合は点線です。細い実線は，青酸とアデニンで位置の変わってない結合です。太線と破線と点線は結合の一方の相手だけが変わっています。もう一方の端は動かしてないから，長さは変わっていても，新しい結合がどこからきたかは，わかるはずです（動かし方はこの他にもありますよ）。どの原子の数も，どの結合の手の数も，左図と右図で変わってないことを確かめてくださいね。

ぎ換わる前と後の関係は想像できるでしょ。板書するならこれでいいんだけど、実験室でつくる場合は、青酸のほかにアンモニアも使います。原始のスープには両方ともたっぷり溶け込んでいましたから、アデニンは必ずできたはずです。もっとも今の細胞のアデニンは、別な方法でつくられてますけどね。この五角形と六角形が合わさった形はとっても丈夫だから、ほかの塩基ができる前にドンドン貯まってったでしょう。

ＡＴＰまでも　青酸が五つ（HCN×5）でアデニン（$C_5H_5N_5$）ができるんだから、ホルムアルデヒド（HCHO）が五つあれば、五炭糖（$C_5H_{10}O_5$）のたとえばリボースだってできるはずです。六つなら六炭糖（たとえばブドウ糖、$C_6H_{12}O_6$）です。ホルムアルデヒド（これを水で薄めたのがホルマリン）の式を書き直せば、炭水化物の単位（C－H_2O）に相当する形になります（☆砂糖を溶かすと）。原始のスープを考えるときに大切なのは、そのスープの具を食べるヤツ（生き物）がいなかったってコトです。だからその具は千年、万年の時間をかけて、温められたり雷に打たれたり紫外線で刺激されたり、ゆっくりと共有結合のつなぎ換えをくり返していられました。そのうちにはアデニンとリボースとがくっついて、（ヌクレオシドの）アデノシンもできたことでしょう。これにリン酸が三つくっつけば、生体エネルギー通貨のＡＴＰ（アデノシン三リン酸）です。原始のスープを「真似したつもり」の実験では、こういう分子がみなできてます。原始のスープのなかでアデニンが大量にあったとすれば、ＡＴＰだけがエネルギー通貨として採用されてたり（☆通貨であるワケ）、ほかのいろんなところにアデニン入りの分子が使われるのは自然なことです。

ペプチド結合の出現　原始のスープにいろんなアミノ酸が溶けていたことは確実です。青酸とアンモニアとホルムアルデヒドを入れた「真似したつもり」の実験では、グリシン（一番単純なアミノ酸、$NH_2{-}CH_2{-}COOH$）も、ポリグリシンもできています。**ポリグリシン**って、グリシンだけがつながったポリペプチドのことです。ただし、グリシンが先にできて、それがつながったんじゃなさそうです。逆に、ポリグリシンが分解されてグリシンができたんでしょう。なぜなら、ペプチド結合をつくるのに必要なエネルギーの出所《でどころ》がないからです。だからポリグリシンのでき方として、こんな説明がされてます。「初めはグリシンじゃなくて、グリシンのカルボキシル基が青酸基（$-C{\equiv}N$）に置き換わってるグリシノニトリル（$NH_2{-}CH_2{-}C{\equiv}N$）ができたんだろう。ニトリル分子（$R{-}C{\equiv}N$）の尻尾のCとNの間には青酸と同じ三重結合があるから、青酸がつながりあってアデニンができたみたいに、次々につながっていった。一番簡単なつながり方は、ペプチド結合（$-CO{-}NH-$、クドク書けば$-C({=}O){-}NH-$）の酸素の代わりに窒素が入った変な結合（$-C({=}NH){-}NH-$）だ。そんな**ポリニトリル**が水（H_2O）と反応すれば、この脇に突き出た部分はアンモニアとして追い出されて、そこが水分子の酸素と置き換わる。そうなりゃペプチド結合と同じだ」って説明です。細かいことはどうでもいいですよ。「原始のスープのなかでも、タンパク質の骨格にあたるポリペプチドができてた」ってコトだけわかってください。これが「大昔の核酸」の出発点になるんです。

RNAモドキ　グリシンだけがつながったポリペプチドは、「役に立たない」タンパク質モドキ（★タンパク質モドキの数）の典型です。でもコイツのアルファ（α）炭素の水素一つを**アミノ酸**の側鎖に置き換えていけば、何か簡単な仕事のできる（ポリ）ペプチドが出てくるでしょう。原始のスープのなかにも、**幼稚な酵素**ならできてた可能性があるってワケです。ポリグリシンから生まれる可能性があるのは、ペプチドだけじゃありません。もしもグリシン側鎖の水素が**核酸型の塩基**で置き換えられたら、「RNAモドキ」ってよべるような分子が生まれたっていいでしょう。ただし核酸の塩基は平均的なアミノ酸の側鎖よりだいぶ大きいから、ニトリル分子二つか三つに一個の割合で塩基が入るのが自然ですね。そうすりゃ核酸型の塩基が、ペプチド結合でつながった一本の鎖から規則的に顔を出すことになります。もちろん、原始のスープにはアデノシン・リン酸までできていたんだから、それをつなげた短いRNAができてもいいんです。いいんですけどね、グリシンがあってもポリグリシンができるとはいえないように、ATPやほかのヌクレオシドのリン酸化合物（ヌクレオチド）ができてたとしてもRNAができるとはいえないんですよ。「RNAモドキ」なら原始のスープにもできてたことにして、今日はおしまいにしましょう。

第5話 細胞以前の世界

先週は、「スープ」みたいな四十億年くらい前の原始の海に、一本の鎖に核酸の塩基をつけた「RNAモドキ」の分子が現れてたかもしれない、ってトコまで話しました。それから数億年あとの三十五億年くらい前には、今いるバクテリア（細菌）やアーケア（細菌モドキ）の先祖がもう生きてたんでした。そのあいだに起こったことは、まだチャンとは誰にもわかってません。これが「生命の起源」という大問題です。今日はそのブラック・ボックスを撫《な》でまわしてみようと思います。

❏あり続けられる分子

分子も進化する

原始の地球はオゾン層で囲われてないから（★生き物が陸に上がるまで）、太陽から来たエネルギーの高い紫外線は容易に原始のスープに届いて、そのエネルギーをスープの表面の何かに吸収させます。スープ中の具《ぐ》の分子も、対流の働きで水面に上がってきたときには紫外線を吸収するでしょう。そのエネルギーで、一つでも共有結合がつなぎ換えられたら元の形じゃなくなるんだから、その分子は「壊された」ってコトになりますよ。何か気のきいたモノができても、すぐに「ご破算で願いましてはー」の声がかかるわけです。こういう環境じゃどんな分子も、誰かに食べられなくたって、安定にあり続けるのは難しいんです。「できて、壊れて、またできて」をくり返してるとき、「またできた」ヤツが前のとチョッと変わってるかもしれません。そいつは前のより壊れやすいことも、壊れにくいこともあるでしょう。壊れにくい（安定な）分子は、壊れやすい（不安定な）分子を圧倒して増えていきます。分子に多様化が起こって、その環境での生き残りに都合のいいヤツが永らえるんだから、これは「分子の進化」でしょう（★進化とは？）。

「あり続ける」の意味

ある水分子が紫外線で壊された後で別な水酸イオンとプロトンとから新しい水分子ができれば、差し引きの数は変わらないけど、それは水分子が「あり続けてる」のとはちがいますね。じゃ逆に言うと、どんな分子なら「安定にあり続ける」っていえるでしょうか？　壊れない分子なんてないんだから、それは「ご破算」にされる前に「自分」のコピーをつくれるヤツです。コピーとしてつくり直されたんなら、**自分らしさを**保ってあり続けてるってみなせるからです。そういうヤツを**コピー可能分子**ってよびましょう。こういう分子にはどんな特徴が必要でしょうか？

「ご破算」にされる前に（一）自分の鋳型をつくって、（二）鋳型から鋳物（自分のコピー）をつくる手配ができるコトです。たとえて言えば、板金職人の蛸丸《たこまる》さんが鉄板に規則正しく半球型のクボミをつけて、それからそのクボミでふっくら丸い「タコ焼き」を焼き上げるようなモンです。タコ焼きの鉄板をつくれる人が、必ずタコ焼きを焼けるとはかぎりません。だから（二）の「手配できる」ってコトは、（一）とは別の特徴なんです。あとの話で使うからここで言っときますけど、蛸丸さんがつくったような鋳型を「穴ぼこタイプ」ってよぶことにします。

分子の自分らしさ

ところで唐突に言い出した、分子の「自分らしさ」ってコトを説明しときます。たとえばね、アデニンはアンモニアともグアニンともちがう分子だけど、アデニンどうしで比べたらみな同じでしょう。ポリグリシンならグリシンの数が五十個か百個かのちがいで、少しは個性が出てくるでしょうね。でも、どっちもグリシンが何個もつながってるだけだから、「五十歩百歩」のちがいです。ところが、いろんなアミノ酸が組み合わされたペプチド（☆ペプチド結合）になると、残基の数が同じでも互いにズイブンちがってきます。結局「自分らしさ」をもてる分子って、「数列」とか「文字列」にたとえられるような、複数の基本単位（数字とか文字とかアミノ酸とか）がつながってできる分子なんですね。だから、原始のスープのなかで、「自分らしさ」をもった最初の分子といえば、（多分ポリグリシンから変化した）ペプチドの仲間だろうと思います。

例をあげれば

一番目の残基だけがちがう三種類のトリペプチド（残基が三つのペプチド）を考えましょう。三種類とも二番目はアラニン（A）で三番目がトレオニン（T）だとします。そして最初の残基をそれぞれ、システイン（C）、グルタミン酸（E）、アルギニン（R）にしましょう。トリペプチドとして表せば、CAT、EAT、RAT、ってことです（英単語だと思えば、ネコ、食べる、ドブネズミ、です）。CATのシステインの側鎖は中性で、チオール基（-SH）をもってる点が独特です。EATのグルタミン酸の側鎖は酸性で（☆グルタミン酸とバリン）、RATのアルギニンの側鎖は反対に強いアルカリ性です。RATのシッポにある親水性のトレオニンを疎水性のプロリン（P）に変えたら、ドブネズミは水から跳び出して、ラップ（RAP）を歌いだすでしょう（?·）。

「ペプチドにならロ自分らしさがある」って、こんな意味です。

□自分のコピーをつくる

穴ぼこタイプ　さて、「鋳型」の話に戻ります。原始のスープで最初に「自分らしさ」を身につけたのは、ペプチドでした。ペプチドにとっての自分とは、それ自身のアミノ酸側鎖の並び方でしたね。鉄板の穴ぼこ（クボミ）の形をアミノ酸ごとに変えてやれば、ペプチドの鋳型ができそうです。でも実は、それがダメなんです。ペプチドって、つくられてくときはアミノ酸が直線的にならんでるんだけど、できる端から折れ曲がって立体的になっていくんです。だからその立体的な形を鉄板に写し取っても、側鎖の並び方の鋳型にはならないんです（★子どもに伝える）。今の生き物では、**抗体**が「穴ぼこタイプ」のクボミを使って、抗原のちがいをシッカリ区別しています。そんな芸当ができるのは、抗体がベラボーに特殊化したタンパク質だからです。

合言葉タイプ　核酸の塩基が相棒を選ぶときにも「鋳型」って言いました（★DNA）。だけどそれは、表面どうしのピッタリ具合じゃなくて、水素結合（☆水の秘密は）の結び方を決め手にしてます。RNAのウラシル（U、DNAならチミン（T））とアデニン（A）の場合を例にして説明します。アデニンの形（**図6**の右側）を書き写して、それを見ながら聴いてください。六角形の頭にアミノ基（$-NH_2$）がついてますね。その窒素から右上に伸びてる水素（わずかながらプラスに荷電してます）が、その延長線上にきたウラシル（チミンでも同じです）の酸素（わずかにマイナス）と水素結合をつくります。一方、アデニンの六角形の右肩の窒素（わずかにマイナス）は、やってきたウラシルの窒素についてる水素（わずかにプラス）と水素結合するんです。ウラシルの酸素とか窒素とか、気になったらマトモな教科書を見てください。で、アデニンもウラシルも、水素を提供する役と受け取る役の両方こなしてますから、立場は対等です。これって、「忠臣蔵」で討ち入りした赤穂浪士が、「山」とよびかけて「川」と答えた相手は味方だって判断した、「合言葉」に似てるでしょう。シトシン（C）とグアニン（G）の場合は水素結合が三本できるけど、どっちも水素を出す役と受ける役をするから、本質は同じです。

鋳型を手に入れた分子

結局のところ、原始のスープのなかを見渡して自分の鋳型を確実に手に入れられるヤツといえば、核酸の塩基をならべた**RNAモドキ**しかなさそうです。これ、先週の最後で紹介しましたね。ポリグリシンの骨格に（アミノ酸側鎖じゃなくて）核酸の塩基が規則的にくっついた分子のことです。さて、たとえばCCAAG→という五つの塩基をならべたRNAモドキ（モドキA）を想像してください。コイツが、偶然にも別にできていた←GGUUCの配列（モドキB）と出会えば、塩基対の「合言葉」を使って、「鋳型・鋳物」の関係になるでしょうね（矢印は核酸型の分子に共通な「分子の方向」の表示です。★DNAの特徴）。とにかくここで、自分でつくったワケじゃないけど、**鋳型のある分子**が出現したんです。ここですぐ、モドキAとモドキBとが、互いに相手の鋳型になって共存共栄する約束なんかしちゃったら、それはご立派です。でも、原始のスープではアデノシンの量が多かったから、アデニンを含んだモドキA（CCAAG→）のほうが得したと思いますよ。モドキAが、モドキB（←GGUUC）という鋳型を手に入れる形に落ち着いたでしょう。ところで、安定な「コピー可能分子」になるためにはもう一歩、鋳型を使って自分のコピーをつくる手配をするトコロまで進まないといけないんでしたね。

コピー可能分子　コピー可能分子なら、自分が「ご破算」にされる前に、（一）自分の鋳型をつくって、（二）鋳型から鋳物（自分のコピー）をつくる手配ができなきゃいけません。その話の流れで出てきた「モドキA（CCAG→）」にとって、「手配」の最初は、手に入れた「モドキB（←GGUC）」を手放さないことです。これは、適当なRNAモドキかペプチドで自分とモドキBをつなげば解決するでしょう。その次の「手配」が自分のコピーをつくらすことです。その作り手が、RNAモドキなのか、「幼稚な酵素」になってるペプチドなのか、それはわかりません。またコピーの作り方だって、でき合いのポリグリシン（か、ポリニトリル）に鋳型と合う塩基（かヌクレオシド）をくっつけるのか、それとも鋳型に合わせて塩基（か、ヌクレオシド、あるいはモット完成度の高いモドキの重合単位）を一つずつ選んで鎖を伸ばしていくのか、これもどうだったのかわからないんです。専門の研究者たちでさえわかってないんだから、シロウトの僕らは、気楽に自分のコピーをつくる「手配」はできそうだって思っときましょう。

システムじゃダメ　ここまできちゃえば、コピー可能分子まではただの一歩です。このシステムを使って、自分の鋳型を自分でつくるだけです。自分とは別に「偶然できてた」モドキBなんかを頼りにしないで、ですよ。ここまでの楽観的っていうか、気楽な話の流れの続きだとすれば、コピー可能分子までの「一歩」も楽に越えられるでしょうね。「メデタシ、メデタシ」なんだけど、チョッと待ってください。僕はいま、「このシステムを使って」って言ったでしょう。システムって、「一つのモノ」じゃなくて、「いくつかのモノ」が集まった集合体のことですね。モドキAを「自分」分子と考えて、モドキBも、自分とモドキBをつなぐ何かも、モドキBを鋳型にして自分のコピーをつくるモノも、「自分とは別の」分子だと思ってるから、思わず「システム」と言っちゃったワケです。いくら気楽な話だとしても、こんな団体を「コピー可能**分子**」っていうのはキッすぎます。「じゃ、コピー可能**システム**ってよべばいいじゃん」ですって？　そりゃそのとおりです。だけど、なんで「コピー可能分子」って考えが出てきたか、思い出してください。あそこでは、原始のスープのなかでも「安定にあり続ける（生き残れる）」分子があるとしたら、それはどんなヤツか、って考えてたんでしたよね。原始のスープのなかでも生まれる可能性のある、「一つの分子」のことだったでしょう？　だから「システム」じゃ、ダメなんです。話のすり替えになっちゃうんですよ。

❑「ＲＮＡ世界」の仮説

リボザイム　一体なぜ、原始のスープのなかに「コピー可能分子」なんてモノを考えようとしたんでしたっけ？　原始のスープのなかにあるフツーの分子と、今の細胞の先祖とをつなぐナニカがないと困るからです。「そんなモンは、ない」ってことになると、「地球の最初の細胞は、神さまが宇宙のどっかからもってきてくださったんだよ」と言われたときに、困っちゃうでしょう。その窮地を救ってくれたのが今のＲＮＡです。今の細胞のなかにも、タンパク質でできた酵素（エンザイム）のように、化学反応を触媒するＲＮＡがあったんです。ｒＲＮＡのほかにも何種類かの「リボザイム（**リボ**ース型の核酸のくせに、エン**ザイム**の働きをするヤツって意味です）」があります。実験室では、それぞれに触媒作用のあるいろんなＲＮＡがつくられてます。ＲＮＡになる前のＲＮＡモドキにもそんな力があったっていいワケだから、ペプチドとかを集めた「システム」なんかに頼らなくても、モドキAが自分のコピーをつくれるという希望が見えてきました。

RNA世界とは

モドキBも、つなぎ役も、自分（モドキA）のコピーをつくる機械も、どれもRNAモドキだとすれば、それを全部つなげて大きめのRNAモドキにするのは簡単でしょう。これなら「分子」ってよんでもいいですね。ここまでの話じゃ、コイツはまだ「CCAAG→」のコピーしかつくれない理屈だけど、「大きめの」分子全体のコピーをつくるようになるかもしれません。そういう分子には億年単位の時間的な余裕があるんだから、いつまでもRNAモドキじゃなくて、今のと同じ「現代的」RNAに変わってもいいでしょう。ソイツが「細胞膜」みたいな囲いをもつ可能性だって認めないワケにはいきませんよ。簡単に言い直すと、RNAが自分自身を鋳型にして、しかも一連の化学反応を触媒する「リボザイム」としても働いて、とにかく自分自身のコピーを増やしていった、っていうシナリオです。原始スープの時代と細胞の先祖の時代とのあいだに、DNAにもタンパク質にも世話にならないで、RNAである自分の分身を増やす連中のいる時期があったっていうのが、いま多くの支持者がいる、「RNA世界」の仮説です。

スッキリしすぎ？

僕も支持してた一人です。講義で一通りの紹介もしてきました。でもね、あなた方に心底《しんそこ》からわかってほしいと思って、ジックリ考えながらこの補講の準備をしてたら、「この仮説、スッキリはしてるけど、スッキリさせるために無理してるんじゃないかなぁ」って気分になってきたんです。だってここまでの話で、今あるようなRNAが原始のスープにあったとは考えてきませんでしたね。その前にはRNAモドキの段階がありました。そのRNAモドキは、ポリグリシンにアミノ酸側鎖をつけてペプチドができたみたいに、ポリグリシンかポリニトリルに大きなRNA塩基をつけてできたって想像したんです（第4話の「核酸が生まれる前に」）。ただしそれは、グリシン（ニトリル）分子二つか三つおきにつけるっていう、手の込んだやり方でしたよね。だから、RNAはもちろんRNAモドキでさえ、ペプチドよりはずっと後で現れてますよ。「RNA世界」の舞台でRNAが若い主役なら、ペプチドは大先輩の脇役として共演したはずなんです。そういうわけで、ペプチドを無視したRNA世界は不自然だ、って思いはじめました。さっき僕が「システムじゃダメ」って言ったのは、「最初の」コピー可能分子としてです。最初のヤツとしては「大きめのRNAモドキ」のほうがよさそうです。それがRNAに変わりながら今の細胞に近づいていく、そういう世界ではRNAとペプチドが共同作業してたんだろう、って言いたいんです。

どっちが触媒向きか

CATやEAT、RAT、RAPを使って紹介したように、たった三残基のペプチドでも個性のちがいが出るのは、アミノ酸の側鎖の種類が多くて、しかもその性質が多様だからです。RNA塩基の種類はたったの四つで、しかも大したちがいがないから、七つ八つ並べたところで水素イオン（プロトン、H+）との付き合い方（酸性か中性かアルカリ性か）でも、水との相性《あいしょう》（親水性か疎水性か）でも、ほとんど同じになっちゃいます。塩基のほうはデジタル信号の文字としては適切だけど、触媒機械の部品には不向きです。アミノ酸側鎖のほうは情報伝達には使えないけど、機械の部品としてはトテモ有能なんです。だから、RNAの鋳型からそのコピーをつくり出す仕事で、ペプチドに出番がないのはとても不自然だって感じたワケですよ。

仮説の値打ち

ここまで聴いて、僕が「RNA世界」の仮説を軽んじてるなんて思わないでくださいね。この仮説は、細胞が出現する前後についての研究を活発にさせたという点だけでも、もう立派な功績があると思います。それまでの「DNAとタンパク質を主体にした生物観」に、見直しを迫ったんですから。今の「細胞をもった」生き物を考える限り、遺伝情報を担っているのはDNAで、触媒作用とかの仕事をするのはタンパク質です。だから誰も、そうじゃない世界なんて考えてなかったんです。僕は「RNA世界」の仮説に、チョッと建設的な修正案を出してみただけです。

□池原さんの仮説

［GADV］ペプチド　「RNA世界」の仮説が出ると、これに対抗した「DNA世界」や「タンパク質世界」の仮説も出てきました。タンパク質世界型の仮説の一つ、池原健二さんの「［GADV］タンパク質ワールド仮説」を、紹介しましょう（『GADV仮説—生命起源を問い直す』京都大学学術出版会と、その後のご研究）。原始のスープを「真似したつもり」の実験では、早くからグリシン（G）、アラニン（A）、アスパラギン酸（D）、バリン（V）、などができていました。この四つのアミノ酸の特徴を見てください（**図7**）。グリシンの側鎖は邪魔にならない水素原子だけだから、その前後でペプチドを自由に曲げてくれます。アラニンはペプチドによく使われるアミノ酸の代表ですね。アスパラギン酸とバリンの側鎖は親水性と疎水性の典型で、「鎌状赤血球貧血症」（☆ヘモグロビン）のことを思い出しちゃいます。この四つのアミノ酸がうまくつながれば、何かの役に立つポリペプチド（タンパク質）ができそうですよ。池原さんがこのアミノ酸を混ぜた溶液に「熱しては乾かす」って操作をくり返したら、ペプチドができたそうです。つながったアミノ酸の数とか並び順は

いろいろなはずだから、これをまとめて「[GADV]ペプチド」とよびます。素晴らしいことに、ソイツがタンパク質やRNAを分解したんです。分解という化学反応を促した（触媒した）んだから、[GADV]ペプチドには「酵素」ってよばれる資格があります。このペプチド、ポリグリシンに側鎖がついてできたんじゃないけど、とにかく「原始のスープのなかにも、幼稚な酵素ならできてた可能性がある」（第4話の「核酸が生まれる前に」）ってことは、信じてもよさそうです。

原初の遺伝暗号

彼は、も一つオモシロイことに気がつきました。さっきの四つのアミノ酸について、今の細胞で使われてる遺伝暗号（★情報の暗号化）を書き出してみると、四つのどれにも

	グリシン	アラニン	アスパラギン酸	バリン
一文字略号	G	A	D	V
側鎖の示性式	-H	$-CH_3$	$-CH_2-COOH$	$-CH(CH_3)_2$
側鎖の炭素数 (個)	0	1	2	3
側鎖の特徴	非極性	疎水性	極性で酸性	疎水性
遺伝暗号（コドン）	GGC GGU GGA GGG	GCC GCU GCA GCG	GAC GAU — —	GUC GUU GUA GUG

図7 [GADV] タンパク質ワールド仮説の4種類のアミノ酸

G, A, D, V, はこの4種類のアミノ酸の略号です。それぞれの側鎖だけについて，示性式とそこに含まれる炭素の数を書きました。アラニンやバリンの側鎖は，非極性でハッキリと疎水性です。遺伝子暗号が4個あるアミノ酸と2個だけのアミノ酸とがありますけど，どの場合にも「GNC」で表せるコドン（一番上に書きました）があるコトを確かめてください。「N」とは「どの塩基が使われていてもいい」という意味です。核酸（RNA）の塩基はG, C, A, Uの四つだから，「GNC」が遺伝暗号になるアミノ酸は，この4種類のほかにはありませんよ。

「GNC」で表せる暗号があったんです。GとCはグアニンとシトシンで、Nとは、G、C、A（アデニン）、U（ウラシル）、のどれでもいいって意味です。クドクド書き直せば、「GGC」と「GCC」と「GAC」と「GUC」、のことです。上から順に、グリシン、アラニン、アスパラギン酸、バリン、の暗号の一つです（図7）。この暗号の組合せなら、今のタンパク質で使われてる大切な部分構造（生化学で習う、αヘリックスやβシートなんかのことです）をすべてつくり出せます。このことから池原さんは、「今の遺伝暗号は、『GNC』からはじまって徐々に複雑になっていったんだろう」って仮説を唱えておられます。さて、来週は『利己的な遺伝子』の紹介をするつもりです。

第6話 『利己的な遺伝子』

今日は、『利己的な遺伝子』って本（R・ドーキンス、紀伊国屋書店）の話です。この本のタイトルを見て、なんかモヤモヤした気分になりませんか？　モヤモヤの理由は、「闘争的な男性」なんて言葉が「特別ケンカ好きな男」とも「男性一般が闘争的だ」とも取れるのと同じで、二つの意味に取れるからです。この本、「利己的な性質に関係する特別な遺伝子」について書いているんでしょうか？　それとも「遺伝子ってモノはどれもみんな利己的なんだ」って主張してるんでしょうか？

❏生物＝生存機械論

日本語版の書名　この本の初版が翻訳されたときにつけられたタイトルは、『生物＝生存機械論』でした。原書の題はまさに『利己的な遺伝子（The Selfish Gene）』なんです。多分ドーキンスは、このタイトルを見た人が「モヤモヤ」を解消したくなって買うだろう、ってことも計算したんでしょうね。ところが翻訳版を出すとき、「このままじゃあ購買者は混乱します。内容の趣旨に沿った題に変えましょう」なんて常識論が通っちゃったんでしょう。本文にはそういう表現もありますから悪くはないし、それなりにカッチリした「無難な」書名です。でも原書名を知ってる人には探し出してもらえず、知らない人には敬遠されて、初版の翻訳本はあんまり売れなかったみたいです。

自己複製子のイメージ

改訂版で見るとドーキンスは、先週の「コピー可能分子」と同じようなモノを、「自己複製子」と名づけて、それがどのように生まれたか次のように書いています。「…。しかし、当時、バクテリアその他のあらゆる生物はまだ生まれていなかった。大形有機分子は濃いスープの中を何ものにも妨げられることなく漂っていた」「あるとき偶然に、とびきりきわだった分子が生じた。それを自己複製子とよぶことにしよう。それは必ずしももっと大きな分子でも、もっと複雑な分子でもなかったであろうが、自らの複製を作れるという驚くべき特性をそなえていた。これはおよそ起こりそうもないできごとのように思われる。たしかにそうであった。それはとうてい起こりそうもないことだった。…」

起こるかどうか

こう述べた後で彼は、フットボールの賭けで大当たりをとるのが不可能と思われるのは「自分の一生のあいだに」と考えるからで、数億年のあいだ毎週賭けを続けていたら必ず何度も大当たりをとれる、と書いてます。自己複製子の出現も、何億年か待っていれば可能だというワケです。ところで彼の故郷イギリスでサッカーの賭けが盛んになったのは、大正時代も末のころです。数億年どころか百年ほどしか経ってないのに、起こりそうもない「大当たり」をとった人は何人もいるでしょう。サッカーの歴史の浅い日本でも、「ＢＩＧ」がはじまってから四か月で五億八千万円、その半年ほど後には最高額の六億円の当選者が出てますからね。僕には「自己複製子（コピー可能分子)」の誕生を、サッカーくじで大当たりを取る可能性と同じに扱える、とは思えません。

イメージの正体

それはそれとして、その自己複製子について彼が書いてるコトを、その真意を曲げないように注意しながら抜き出してみます。「実際に、自らの複製《レプリカ》をつくる分子は、実際にははじめに思ったほど想像しがたいものではない。しかもそれはたった一回生じさえすればよかったのだ。鋳型としての自己複製子《レプリケーター》を考えてみることにしよう。それはさまざまな種類の構成要素分子の複雑な鎖からなる、一つの大きな分子だとする。…。いま各構成要素は自分と同じ種類のものに対して親和性があると考えてみよう。そうすると、スープ内のある構成要素は、この自己複製子の一部で自分が親和性をもっている部分にでくわしたら、必ずそこにくっつこうとするであろう。…」「さらに複雑に考えるならば、各構成要素が自分の種類に対してではなく、ある特定の他の種類と相互に親和性をもっているという可能性もある。その場合には、自己複製子は同一の複製《コピー》の鋳型ではなくて、一種の「ネガ」の鋳型の働きをする。そして次にその「ネガ」がもとのポジの正確な複製を作るのである。原初の自己複製子の現代版であるＤＮＡ分子が、ポジ-ネガ型の複製を行なうことは注目に値するが、最初の複製過程がポジ-ネガ型であったか、ポジ-ポジ型であったかは、このさい問題ではない。重要なのは、新しい「安定性」が突然この世に生じたことである。…」

ドーキンスの立場

ずいぶんと回りくどい言い方だけど、細胞ができる前に生まれた「安定にあり続ける(生き残れる)」モノは、突然この世に現れた「ＤＮＡのような**分子だ**」って、言ってる(暗示してる)んです。彼がこの本の初版を書いてるころ、今の細胞やウイルスのＲＮＡは知られていたけど、「ＲＮＡ世界」なんて想像もされてません。だから彼は、「ＲＮＡのことも忘れてないよ」

って言い方さえしとけば、読者の注意をDNAだけに向かわせても大した間違いじゃないって思ってたんでしょう。「DNAが存在しない世界」なんか、きっと考える価値もなかったんですね。ドーキンスの考えでは、ウイルスであれ細胞であれ生物個体であれ、安定にあり続ける（増えていく）モノの主人はDNAだけで十分なんです。この考えに立ってつくられたのが、**生物＝生存機械論**です。「生き物（や細胞）とは、DNAが生存し増え続けるための機械にすぎない。ヒトもDNAに使われてる道具（**生存機械**）なんだ」っていう主張です。

どちらが道具か　その流儀で考えると、「眼と生き物の関係は、DNAと生き物（細胞）の関係の正反対」なんです。わかりますか？　フッーの考えなら、「眼とは生き物がモノを見るために使っている道具で、DNAとは生き物が次の世代に遺伝情報を伝えるために使ってる道具」ですよね。ところが彼は「それは逆だ。生き物（細胞や個体）とは、DNAが、自分（の子孫）だけを生き残らせるために使ってる道具（生存機械）なのだ」って、言うんです。突然そんなコトを言われた生物学の真面目なセンセイたちは、「アイツ、気ィ狂ってる」って猛反発をはじめました。なんせ、生き物（の個体）こそがこの世の主役だと信じてる人たちですから。僕は「ウイルスが生き物かどうか悩まなくてすむから、その点じゃいい考えだ」って思いましたよ（☆ウイルスは？）。今までの生物学では、生存機械として細胞を使ってるDNAが「生き物」に分類されて、タンパク質を使ってるDNAが「ウイルス」ってよばれてたんだ、そう考えればウイルスが生き物かどうかなんていう悩みは消えちゃいますからね。

❏生存機械論への疑問

最初の自己複製子　用心深いドーキンスは、「……。最初の自己複製子はDNAに類縁の近い《ママ》分子であったかもしれないし、まったく**異なるもの**であったかもしれない。もし異なるものであったとすれば、彼らの生存機械は、時代がたってからDNAにのっとられたのではないかと思われる。……」とも書いてます。後半の「異なるもの」の話は、軽く扱った「近縁の分子（RNA?）」から読者の関心を遠ざける目眩《めくら》ましです。生存機械って、極端に言えば「それをもってないと生き残れないモノ」ですよね。もし「異なるもの」がその道具をのっとられて滅びたんなら、その道具は「生存機械」じゃなかったワケです。これは矛盾でしょう。だから、（軽く扱われてる）自己複製子がDNAに近縁の分子だった場合こそ真剣に考えるべきなんです。「そういう場合」って、「最初のコピー可能分子がRNAモドキ（第4話の「核酸が生まれる前に」）だった場合」のことですよね。僕らは、原始のスープの時代に生まれたのはRNAモドキで、RNAはそれより後で現れたって考えてきました。原始のスープで何かができるのは、億年レベルの時間を頼りにした偶然のおかげです。「RNAはヌクレオシドとリン酸との鎖だから、エネルギーの供給と酵素の助けなしには、何億年かけても偶然だけじゃできないだろう」って思ったから、RNAモドキを考えたんでした。RNAよりはるかに高級なDNAがこんな状況で偶然にできるとは、僕には考えられません。

最初の生存機械　そういうコピー可能分子が、最初に「生存機械として手に入れたモノ」を考えるとしたら、それは何でしょう? 「まだ小さいペプチド」か「細胞膜のような囲い」でしょうね。自己複製子がコピー可能な「分子」であれ「システム」であれ、「自分」だけが生き残る（コピーを増やし続ける）ための道具が生存機械であるなら、その道具を「他人」に使わせるのは自滅行為です。何かの機械を「他人」に使わせたくないとき、あなたならどうしますか？　その機械をカバー（ペプチド）で覆うか、部屋（囲い）に入れちゃうか、でしょう。カバーで覆えばあなたも使いにくい。だけど部屋に入れれば一人で自由に使えます。独占しときたければ、細胞膜のような囲いに入れますよね。特に「システム」の場合、囲いはメンバーの離散を防ぐ利点もあります。ペプチドで覆えば、壊される心配はないけど、協力分子との関係も絶たれて生き残る可能性が減るでしょう。実際、ウイルスの核酸はタンパク質で覆われてるから、それを脱ぎ捨てて細胞（他人の部屋）に入り込まない限りコピーを増やせません。だから最初の生存機械は、たぶん袋状の囲いです。

異なるものとの関係

こう考えてくると、ドーキンスがいう「生存機械」を最初に手に入れたのはRNAモドキで、その生存機械は（細胞膜のような）囲いだってことになります。この組合せから何億年かかけて、脂質二重膜とDNAをもつ今の細胞へと進化（★進化とは？）していったんでしょう。RNAモドキからDNAへのことに話をしぼると、今ある一本鎖のRNAも含めて、いろんな核酸に多様化していったけど、二本鎖のDNAになったヤツだけが囲いを使い続けながら生き残ったことになります。「いろんな核酸」のなかには、一本鎖のDNAや二本鎖のRNAもあります。こういう変わった核酸は、今ではタンパク質に覆われたウイルスにしか見つけることができません。とにかく「囲い」のなかに入ったRNAモドキが、塩基の種類や数、塩基をならべる鎖の種類や本数まで変えてDNAになったんです。RNAモドキは一本の鎖で、単位ブロックはニトリル分子二つか三つ分です。DNAは二本の逆向きの鎖で、ブロックはデオキシリボース（とリン酸）でしたね。ここで注意してください。「異なるもの」であるＲＮＡモドキは、生存機械としての「細胞膜のような囲い」を、ＤＮＡにのっとられたんじゃないんですよ。ＲＮＡモドキの入った囲いが何億年ものあいだ試行錯誤しながらコピーを増やしていって、その多様な子孫のうちで「中身がＲＮＡに変わった囲い」が多数派になっていったんです。そして栄枯盛衰は世のならい、次には「中身がＤＮＡとタンパク質になった囲い」が主流になって、今に至ってるんだと思います。詳しいことはわかりませんけど、「囲い」もそのころには、もう立派な「細胞膜」になってたでしょう。

ＤＮＡまでの道筋

先週お話ししたコトを復習しながら、多少の補足をさせてください。原始のスープのなかで分子が進化（多様化）した結果、核酸塩基やアミノ酸、ヌクレオシドやポリグリシンなどに混じって、洗剤みたいな分子（界面活性剤、☆リン脂質）もできたでしょう。さらにペプチドが生まれ、少し遅れてＲＮＡモドキも生まれました。このなかで「自分らしさ」をもてるのはペプチドとＲＮＡモドキだけど、「自分」のコピーを残せる分子となると、ＲＮＡモドキだけみたいでした。それぞれに「自分らしさ」をもつＲＮＡモドキたちの生き残り競争になれば、有能な触媒ペプチドと手を組んだヤツ（システム）が有利です。洗剤みたいな分子を使った「細胞膜のような囲い」で自分たちを守れば、いっそう有利になるでしょう。触媒ペプチドのアミノ酸配列の情報化に成功すればさらにさらに有利です。原始のスープの段階で「ＤＮＡモドキ」を考えなかったのは、ＤＮＡの形や成分が高級すぎるから、「久米仙人《くめのせんにん》の時代にピンナップ・ガールはいなかった」って思うのと同じ感覚です（チラリと見えた娘さんの白い脛《すね》が、仙人の神通力を失わせたって話のある奈良時代に、平気でセミヌードの写真を撮らせるお嬢さんがいるはずないでしょう！）。「ＤＮＡモドキ」ってよべるようなモノなら、デオキシリボースまでは望まないけど、せめて逆向き二本鎖の形をしててほしいし、(チミンはなくてもいいけど) 誤解の起きない塩基の組合せを使っててほしいですね。だからDNAは、リボースとリン酸の鎖をもった純正RNAが完成したあと、安全な脂質二重膜で守られた環境のなかで生まれたんだと確信しています。生まれたのは偶然だったんでしょうけど情報の記録媒体として最高だから、DNAを手に入れた「システム」は、生き残り競争で一気に先頭に立ったでしょうね。とにかく今の細胞だって、DNAの材料づくりにはRNAの場合よりよっぽど手をかけてるんですよ。原始のスープ時代には、「DNAモドキ」でさえ高級すぎます。

❑「遺伝子」じゃないでしょ

微妙な定義　もう一つ気になるのが、ドーキンスが使う「遺伝子」って言葉です。実はこの人、生物学者なんですよ。「私は行動生物学者《エソロジスト》であり、これは動物の行動についての本である」って、自分で言ってます。そして、その本で使う「遺伝子」について、こう書いてるんです。「この本の題名に使った遺伝子ということばは、単一のシストロン(**補足一**)をさすのでなくて、もっと微妙ななにかをさしている。私の定義は万人向きではないかもしれないが、遺伝子について万人の賛意を得られる定義はない。たとえあったとしても、神聖で犯しがたい定義というものはない。…」「どの定義においても、遺伝子が染色体の一部であることはまちがいない。問題は、どのくらいの大きさの一部であるか、つまりテープのどれだけの部分であるか、ということである。テープ上のとなりあった暗号文字の連続を考えてみよう。この暗号(**補足二**)の連なりを遺伝単位と呼ぶことにしよう。それは、シストロン内のわずか一〇文字の連続であるかもしれないし、八個のシストロンの連続であるかもしれない。…」「私は遺伝子ということばを、何世代にもわたって続き、多くのコピーという形で配分されるくらいに小さい遺伝単位という意味で使っている。これは、全か無かという厳密な定義ではなくて、『大きい』とか『古い』とかの定義のように、いわば輪郭がしだいにぼやけていく定義である。…」

補足一：完全な一つの遺伝子に対応するDNA領域のこと。

補足二：塩基対のこと（★DNA）。

DNAって言うべきです　ドーキンスは初版のまえがきに、「この本は想像力に訴えるように書いたから、サイエンス・フィクションのように読んでもらいたい。だけどこれはSFじゃなくてサイエンス（科学）なんだ」って意味のことを書いてます。それなら「遺伝子」みたいによく使われる科学用語は、「神聖でなくても、万人（一人残らず）の賛意は得られなくても」いいから、もっと素直に使ってほしいですね。ここで説明されてる「遺伝子」や「遺伝単位」は、要するに「DNAの断片」ってことでしょう。遺伝子とDNAの関係について、あなた方にはクドイほど説明してきましたね（★遺伝子のイメージ）。遺伝子は親から子へ（DNAを媒体にして）伝えられる一つのまとまった情報（新聞記事）で、DNAはそういう情報を書き込むことに適した物質（新聞紙）のことでした。ドーキンスが説明してるモノは、まさに「DNA（の断片）」なんです。

❏ドーキンスと僕のちがい

多神教のファンとして　でもね、アデノシンくらいの分子から今の細胞までをつなぐ話をしようと思ったら、どっかで無理しなきゃなりません。ドーキンスはね、彼が「利己的な遺伝子」の起源だと思ってる自己複製子を、どうしてもDNAにしたいんですよ。だからサッカーくじをもち出してまで、スープの中で安定にあり続けるモノは「DNAのような**分子**」だって力説するワケです。片や多神教ファンの僕のほうは、「RNA世界」の仮説が出てきたころの記憶が鮮明だし、自分らしさの正体が「一つのモノ」じゃなきゃいけないとも思ってません。だからRNAモドキを考えた後で、「それがペプチドと組んだ**システム**」を細胞の起源にしたんです。

細胞の一歩手前　「コピー可能」な分子であれシステムであれ、いつまでもそのままじゃ不都合でしょう。「彼ら」のコピー能力を盗用してやろうと、自分じゃコピーをつくれない連中がすり寄ってくるに決まってます。システムの場合だと、自分たちが離ればなれにならない工夫も必要でした。どうすればいいかの答えは簡単で、分子なりシステムなりのまわりを何かで囲んじゃうことでしたね。答えるのは簡単だけど、実行するのはそう簡単じゃありません。牧場の囲いを考えてください。まずは家畜泥棒や野犬の類《たぐい》が入れないような造りでないといけませんね。そのうえで牧童さんの出入りは自由で、時には家畜の群を通せることも必要です。ケッコウ難しいでしょう。今の細胞では、ユーカリアやバクテリアはエステル結合型のリン脂質で、アーケアはエーテル結合型のリン脂質モドキで、囲いの基本になる脂質二重膜をつくってるんでした（☆ 細胞の膜とシャボン玉）。その膜には、いろんな物質の出入りをコントロールするタンパク質が配置されてます。原始の細胞が、どんなキッカケで、どんな材料を使ってつくられたのか、自信をもって紹介できる説明には、まだ出会ってません。だけど、囲いの基本材料が「洗剤みたいな分子」だったことは確かですよ。

共通の先祖

バクテリアとアーケアは、細胞の膜の成分があんなにちがっていて（☆アーケアの膜脂質）、しかも遺伝情報の本体は共にフツーのDNAなんです。だから、バクテリアともアーケアともちがう、彼女らの「共通の先祖」がいたはずです。ヒトとチンパンジーの先祖が、そのどっちともちがう生き物だった（★先祖は共通）のと同じ理屈です。僕の意見だとその先祖は、何か洗剤みたいな分子の二重膜で囲まれてて、かなりの情報をもつRNAがそれぞれ上手に仕事をこなす多数のペプチドの協力を受けて、その「囲い」全体をコピーし続ける**システム**なんです。ここをスタート地点とすれば、「囲い」のおかげで外界から保護されてる「システム」が進むコースは、㈠RNAの情報の管理方法が洗練され、ペプチドはタンパク質に置き換えられていった。㈡RNAは情報保持の役目をDNAに譲った。㈢「前の情報物質（RNA）」の世話をするように育てられたタンパク質たちと「新しい情報物質（DNA）」とのあいだの中継ぎをするためにRNAも残ることになった。こんな感じです。どの段階でも、たまたま偶然にそうなったシステムが、そうならなかった競争相手より少しはコピーの速度が速まったり正確さが増して、確実に数を増やしていったんでしょう。これに情報の写しちがいとか別のシステムとの情報や成分の交換とか、コマゴマした変化も加わって今の細胞の先祖ができたんだって思ってます（一・〇は何百回かけても一・〇だけど、一・一を三百回かけたら二兆六千億以上です）。

「自分」の変質

ところで、今までなら「自分」と言ったトコロを、僕が「情報物質」と言い換えてることに気づかれましたか？　原始のスープの最初のころでは、「自分らしさ」をもってる実体はペプチドかＲＮＡモドキの**分子**だ、って言いました。そのあと、その「自分らしさ」をコピーして残せる実体は、ＲＮＡモドキとペプチドとの**システム**だって言い換えましたね。そして、そのバラケやすいシステムが細胞膜のような「囲い」に包まれた段階から、ＲＮＡモドキやＤＮＡに対しては「自分」という表現をしないように努めました。その段階からシステムの質が決定的に変わって、ここで初めて、「自分らしさ」を安定にコピー（再生）できる**囲いを含めた自分**が誕生したんだ、って考えたからです。自分らしさを示す単位は、「囲い全体（**細胞**）」に移った、って立場です。ドーキンスのほうは、この「単位」の地位を終始一貫して**遺伝子**に与えてるワケです。

❏ゲノム・サイズの謎

昔からの疑問　あの本の題名が『利己的なＤＮＡ』だったら、僕はもっと落ち着けるんです。そしたら本の話題性が減って、売れ行きも落ちたでしょうけどね。ところで話は飛ぶんだけど、この本の初版が出るよりズッと前から、生物学者のあいだで不思議がられてたことがあります。「生き物のゲノム量は、その体の複雑さとも遺伝子の数とも関連性がない」ってことです。ここでいう**ゲノム量**は、ヒトの場合なら二十四種類の染色体に含まれるＤＮＡの量で（★ ヒトのゲノムとあなたのゲノム）、約三十億塩基対です。単細胞の大腸菌は約五百万塩基対（ヒトの約六百分の一）だから、「ヤッパリ体の複雑な生き物のほうが多いじゃないか」と思うでしょう。でもサンショウウオやユリのなかには、ヒトの三十倍以上のゲノムをもってる種があるし、アメーバには二百倍ってヤツさえいます。

イネはヒトの約七分の一、マウスは一・一倍です。**遺伝子の数**はどれもまだハッキリしてませんが、大腸菌（四千数百個）でさえヒト（二万数千個）の、五、六分の一はあるし、ショウジョウバエやホヤならヒトの半分にまで達します。シロイヌナズナ（菜の花の仲間）だとヒトとほぼ同じで、イネは一・三倍だから、生き物の見た目のちがいに比べると遺伝子の数は意外に差が小さくて、逆にゲノム量のちがいの激しさに驚いたでしょう。これが「ゲノム・サイズの謎」で、謎の答えは「反復配列」にあるんです。その説明をいたしましょう。

反復DNA配列　性の区別もなければ神経も心臓もない大腸菌と、「利己的な遺伝子」についてまで語るヒトとを比べた場合、いま出した数値を使って計算すると、一個の遺伝子あたりのDNAの量が大腸菌では約千塩基対、ヒトでは約十二万塩基対になります。でもこれ、ヒトのタンパク質が大腸菌のより百二十倍大きいってコトじゃなくて、同じくらいの大きさのタンパク質をつくる情報（アミノ酸の名簿って説明したヤツ）の、その周囲に奇妙な隙間がたくさんあるためでした（★ナマのDNAは長い）。そういう隙間にはいろんな程度にくり返して出てくるDNA配列があるんです。ACACAC…のようにくり返しの単位が二塩基対のや、ハンチントン病の三塩基対（★CAGのくり返し）から、単位の長さが千塩基対を超えるものまであります。とにかくヒトのゲノムの「反復配列」を合計すると、ゲノムの半分くらいを占めるそうです。すごいモンですね。林崎良英さんたちは「マウスのゲノムの（だからたぶんヒトの場合も）七割くらいの部分は、何かの役目をもった小型RNAの遺伝子だ」って報告なさってます。遺伝子として読み取られる反復配列もあるんでしょう。さて、反復配列のなかでも、**アルー（*Alu*）因子**ってよばれてる三百塩基対ほどの配列はヒトのゲノムに百万個以上あるんです。コイツだけで三億塩基対（ヒトゲノムの一割以上）になっちゃう計算です。これはハンパの数じゃありません。自分勝手にジャカジャカ増えたんでしょうね。

利己的なＤＮＡ

こういうＤＮＡ配列を「利己的なＤＮＡ」っていうなら、よくわかります。体重五十四キロだった人のお腹《なか》の筋肉細胞か脂肪細胞が突然あちこちで増えだして、その重さの合計が六キロになったら体重は六十キロです。でもその一割は、ただただ身体を重くするだけで何の役にも立たない居候《いそうろう》の細胞です。自分勝手な「利己的な細胞」ですよね。僕はアルーを、これと同じ意味で「利己的なＤＮＡ」だって思ったんです。ドーキンスはこういうＤＮＡを認めたうえで、改訂版の補注でも、「私はいまだに利己的ＤＮＡが利己的遺伝子の理論全体の特殊なケースであると考えている」って言ってます。彼にとっては、普通の一般の遺伝子すべてが利己的なんですね。

居候的なＤＮＡはほかにもあるから、その話は来週に回しましょう。「宿題」だなんて堅苦しいことは言いませんから、次の二つのコトを少し考えてみといてください。

一、遺伝子は、勝手に増え続ける「利己的な」特徴をもった分子といえるだろうか？

二、個体の行動を研究している行動生物学者のドーキンスが、なぜ「個体（細胞）は遺伝子が生き残るための道具にすぎない」という、過激な主張をしたのだろうか？

第7話 核酸は増えたがってる？

今日は「反復DNA配列」の話からはじめます。DNAのアルー因子は、ヒトのゲノムで百万個以上にも増えてるんでした。それからインフルエンザの大流行っていえば、インフルエンザウイルスのRNAが大々的に増加することですよね。DNAにしてもRNAにしても、核酸って分子はホントにそれ自体に増えようとする性質があるんでしょうか？　ドーキンスの考えも織り込みながら、DNAが利己的に増えたがってる分子かどうか考えていきましょう。

□利己的にみえるDNA

アルーは居候《いそうろう》　アルー（*Alu*）の仲間の反復配列の先祖は、「御三家」でこそないけど、タンパク質分泌の仕事をするRNA（名前は7SL RNA）の遺伝子でした（第4話の「RNAは仕事をする？」）。でもアルーたちは、仕事をするRNAをつくりません。だから、「7SLの遠縁の者でございます」なんていってゲノムに入り込んできた居候なんです。ところで、ゲノムにアルー族の因子をもってる動物は、サルの仲間とネズミやリスの仲間に限られてます。ってことは、この二つの仲間（霊長類とげっ歯類）が分かれる直前の共通先祖にあたる生き物で、この居候DNAの原型ができたんでしょうね。居候たちは「利己的なDNA」の説明に便利なんでチョッと寄り道します。

動くDNA因子　いろんな生き物に、いろんな種類の居候がいます。エイズのウイルスなんかも居候するんですよ。ACACAC…みたいに反復の単位が極端に短いヤツは別ですけど、アルーとかそれ以上の長さをもった居候は、ゲノムのなかを動き回る「動くDNA因子」なんです。ところで、僕がいま「動くDNA因子」って言ったモノは、**転移因子**ってよばれるのがフツーだから、ここからは「転移因子」って言うことにします。大概の転移因子は、ゲノムのなかで自分を動かす「転移のための酵素」の遺伝子をもってます。転移因子が動くときはまずその遺伝子から「発現」の二段階（転写と翻訳）を踏んで、転移のための酵素をつくります（第4話の「遺伝物質のいろいろ」）。それから、その酵素の働きで「転移」を実行するワケです。

転移因子　コイツらは、転移させる酵素の種類や働き方がタイプごとにちがうので、いくつかのタイプに大別できます。タイプの分け方が決まってるワケじゃないけど、一応、三つに分けようと思います。その区別を、専門的じゃなく、ウソはつかずに、わかりやすく説明するなんて無謀なんだけど、イメージをつかんでいただけるように努めますね。そのためには、ウイルス一般とエイズウイルスの仲間（**レトロウイルス**）の説明が必要なんです。どうかお聴きください。

ウイルス　「ウイルス」って病原体の一つだけど、細胞をもってないから、何かの細胞に感染してそこにもぐり込まない限り、ただの「核酸とタンパク質の複合体」で、決して増えることはできません（☆ウイルスは？）。この何かの細胞を宿主《しゅくしゅ》っていいます。で、宿主が動物とか植物なら、そのウイルスは**ウイルス**なんだけど、宿主がバクテリアの場合だと、**ファージ**（バクテリオファージ）ってよばれます。発見のイキサツからそうなっちゃったんですよ。ユーカリアの原生生物や菌類、それからアーケアの場合、RNAウイルスならいるんですけど、今日の話題に参加できる（一時《いっとき》でもDNAの形になる）ウイルスがいるのかどうか、僕は知りません。

エイズウイルスの仲間　これをレトロウイルスとよんでます。この**レトロ（RETRO）**は、「復古調」じゃなくて、「**逆転写酵素**をもってる」って意味の英語を適当に省略して語呂《ごろ》合わせしたものです。「逆転写」は転写（DNAの情報を元にしてRNAをつくる）の逆だから、RNAの情報からDNAをつくるってことになります。この仲間のゲノムはRNAで、逆転写酵素と一緒にタンパク質のカバーに包まれてます。そのカバーを使って宿種の細胞にくっつくと、ウイルスは中身をその細胞のなかに押し込みます。すると逆転写酵素が細胞のなかにある材料を使って、ウイルスRNAの配列を二本鎖のDNAにつくり変えちゃいます。これが逆転写ですね。そのDNAの両端には特別なシカケがあって、それを使うと**細胞のゲノム**に入り込めるんです。レトロウイルスの配列が、宿主ゲノムの一部になっちゃうワケです。そこがフツーに転写されると、何本ものRNAができて、その一部はウイルスのゲノムとして使われます。残りはmRNAとして働いて逆転写酵素やカバー・タンパク質をつくるんです。で、ゲノムRNAと逆転写酵素はカバーに包まれて細胞から離れていきます。外に出た娘ウイルスは、親と同じように健康な細胞に感染して孫ウイルスを産むでしょう。さっきの娘ウイルスは「コブ取り爺さん」のコブみたいに離れていくので、宿主細胞は死なずに増え続けます。だから宿主ゲノムと一緒に、親ウイルスのゲノムもまた自然に増えていくんです。スゴイ戦略です。

❏転移因子の三タイプ

単純なタイプ　さて、お待たせしてた転移因子のタイプ分けです。一番目は「単純なタイプ」。なんで単純かっていうと、どんなときもDNAのままだし、転移（移動）することを基本にしてて、一度に何倍にも増えたりしないからです。細胞のゲノムのどこかに入っていて、自分がもってる遺伝子から、「転移のための酵素」を発現させます。その酵素の種類のちがいで、転移因子がその場所から直接に別の場所に入り込む場合と、別の場所にくっついてからそこでコピーされる場合とがあります。どっちにしても、数がやたらに増えることはありません。

レトロウイルス・タイプ　このタイプの転移因子はレトロウイルスとほとんど同じです。ちがうのは、（RNA本体と逆転写酵素とを包む）カバー・タンパク質の遺伝子をもってないコトです。だからウイルスの形にはなれないし、当然、細胞から離れることもできません。その代わりフツーに転写されてできたRNAを、自分の逆転写酵素で次々にDNAに変えてしまいます。DNAの両端には例の「特別なシカケ」がありますから、増えたDNAは次々と細胞のゲノムの新しい場所に入り込むんです。こんなことを頻繁にくり返せば、因子の数はベラボーに増えますね。

レトロっぽいタイプ　「レトロっぽい」の意味は、「レトロウイルス・タイプの転移因子」に似てるって意味です。どこが似てるかといえば、いったん転写されてRNAになることと、とにかく逆転写酵素のお世話になってDNAに戻るコトです。似てないコトで一番大切なのは、両端の「特別なシカケ」がないことです。だから細胞のDNAに入り込む方法も当然ちがってきます。大きさもさまざまで、大きいヤツは自前の逆転写酵素の遺伝子をもってますけど、アルーみたいな小さい連中はこれをもてません（三百塩基対で指定できるアミノ酸はわずか百残基です。★情報の暗号化）。だから別の大きな因子がつくった逆転写酵素を拝借するんです。アルーはこの手を使って、ヒトのゲノムの一割以上になるくらい増えまくったんです。それから、どのタイプの転移因子にも通用することだけど、現在の活動（動き方）の程度から、活火山、休火山、死火山みたいにも分けられるんですよ。同じ仲間の因子でも、入ってる細胞（生き物）の種類によって活動の程度がちがうんですね。過去にもちがってただろうから、転移因子は生き物の進化にもずいぶん影響してきたはずです。

❏居候DNAたち

定義の拡張　ここで居候DNAの範囲を少し広げます。細胞の「ゲノム」にもぐり込んでるDNAに限らず、「細胞」の機能や資材に頼って「あり続けてる」DNAのすべてを居候とみなしましょう（図8）。そのほうがDNAの性質をイメージしやすい、って思うからです。そうやって考えると「細胞のゲノムDNA」も、その細胞の機能や資材のおかげであり続けてるんです。これを居候にするかしないかが、ドーキンスと僕のちがいです。ドーキンスは「細胞も個体も、遺伝子（DNA）に利用されてる『生存機械』にすぎない」って言ってます。「利用される」って「頼られる」のと同じだから、DNA（細胞のゲノム）は細胞に依存してる（頼ってる）ワケです。言い方は正反対みたいだけど、結局のところ、彼はゲノムを居候扱いにしてるんです。僕のほうは、ゲノムをその細胞の成分の一つだと思うから、居候にはしません。今まで何度も強調してきましたように、分類なんて便宜的で独断的なものなんです（★分類の限界、☆難題が続出）。図8の表現もスコブル独断的です。そこを承知して、僕流の居候たちの紹介を聞いてください。

凶暴なウイルス　「凶暴な」の意味は宿主を殺しちゃう、ってことです。「風邪《かぜ》の花」なんていわれて、身体の弱ったとき唇《くちびる》に粟粒みたいな水ぶくれが十個かそこらまとまってできることがあるでしょう。あれはヘルペスウイルスが何千倍にも増えて細胞が殺されちゃった結果なんです。このウイルスは粘膜みたいな細胞には侵

居候DNA　（特徴）	①対ゲノム比が増加	②ゲノムへの組込み	③逆転写酵素の利用	④ゲノム内での転移	⑤感染性粒子の形成	⑥細胞の接合で伝播
凶暴なウイルス	○	×	×	−	○	×
陰険な(非レトロ)ウイルス	○	○	×	×	○	×
レトロウイルス	○	○	○	×	○	×
レトロ族の転移因子	○	○	○	○	×	×
DNA型の転移因子	×	○	×	○	×	×
プラスミド	○	○	×	×	×	○
細胞との共生体	○	×	×	−	×	×
偽(重複)遺伝子	×	○	×	×	×	×

図8　居候DNAの独断的な分類

居候DNAの説明は，本文で項目ごとに書きました。くり返しませんので，本文を読んでください。①から⑥までの特徴も，注意していただきたい項目は，本文でその番号を示しておきましたから，それを見てくださいね。それから一つにまとめたDNAのなかには，いろんな生き物の，いろんなタイプが入っているから，○や×は「九分九厘」か「十中八九」の肯定や否定だとは思ってください。④にある「-」は，ゲノムへの組込み（②）がないから否定もできないって意味です。

入できて、増えるんだけど、神経細胞に入った場合はひたすら潜伏するだけです。血液の細胞には侵入さえできません。だからこの場合は「粘膜みたいな細胞」で、凶暴なんです。ほかのウイルスだって、宿主ごとにちがう顔をみせるんですよ。

陰険な（非レトロ）ウイルス　「非レトロ」の意味は、ゲノムが初めからDNAだってコトです。ゲノムがRNAのレトロウイルスのことは、さっき紹介しましたね。増えて細胞から出るときは細胞膜にくるまってコブ取り爺さんのコブが取れるみたいに（☆ 融合と分離）そっと離れていくので、すぐに宿主細胞を殺すことはないけれど、細胞のゲノムのなかに自分のDNAを残していって、新しいウイルスを出し続けるんでした。エイズウイルスは白血球を宿主にしてるレトロウイルスで、ジワジワと宿主を破滅させていくから陰険なんです。「非レトロ」の連中も自分のDNAを宿主のゲノムに組み込ませて、細胞と一緒に自分を増やしています。宿主が弱ったりすると自分のDNAだけ複製し、必要なタンパク質も発現させて、ウイルス粒子になって外へ出て行きます。そのとき細胞を殺すヤツも、すぐには殺さないヤツもいますけど、陰険であることにちがいはありません。

レトロウイルス　これ、もう何度も出てきました。**図8**の③に挙げた「逆転写酵素を利用する」ことに注目すれば、B型肝炎ウイルスもこの仲間です。でもそのゲノムは二本鎖のDNAですから、ウイルスの世界もいろいろなんです。さて、ここまでの「ウイルス」がそれ以外の「居候DNA」とちがう点は、僕が今まで「カバー」と言ってきたタンパク質で自分のDNA（レトロウイルスだけはRNAだけど）を覆ってることです。カバーは大概の場合、何種類かのタンパク質でできてます。カバーの役目が、（一）自分を保護すること、（二）宿主に感染（して侵入）すること、って最低二つはあるから、まぁ当然です。このカバーのおかげでウイルスは、自分が生まれた細胞の外へ飛び出せて、しかも新しく犠牲になる細胞に入り込めるワケです。これが⑤の、**感染粒子**の形成です。

レトロ族の転移因子　これも、もう紹介しちゃってます。あのときは「レトロウイルス・タイプ」と「レトロっぽいタイプ」に分けましたけど、ここではその両方を一緒に扱いますよ。①から⑥までの特徴で分けると区別がつかないんだから、これでいいでしょう。

DNA型の転移因子　これも「単純なタイプ」として説明ずみです。宿主ゲノムに組み込まれてる転移因子部分がコピーされて二倍になる場合もあるけど、これは多数派の居候DNAの増え方（自分のコピーを次々増やす）とはちがいます。DNA型の転移因子は、宿主ゲノムが増える以上にハデに増える（①、対ゲノム比が増加）ことはないって思っといてください。

プラスミド　この仲間は、DNA型転移因子が、宿主細胞の中で増えていく（複製する）のに必要な、**複製開始の配列**を手に入れたようなモノです。だから宿主ゲノムの複製とは関係なく、宿主の細胞内で勝手に増えていけるんです。大概は環ッカの形（環状）をしてますが、なかには竹竿の形（棒状）のヤツもいます。バクテリア超界の細菌のあいだでは、いろんなタイプの環状プラスミドが見つかってます。宿主ゲノムの遺伝子をもってることの多いF因子（Fは「受精」の頭文字。この場合は「遺伝子を送り込む」って意味）や、抗生物質（バクテリアを殺す天然薬剤）を壊す酵素の遺伝子をもったR因子（Rは「耐性」の頭文字）なんかは、宿主を仲間の細胞と接合させて、自分がもってる遺伝子ごと接合した細胞に入り込みます（⑥）。今までは抗生物質で殺されてた病原菌も、R因子の**薬剤耐性**遺伝子を受け取れば、もうその薬では死ななくなるでしょう。だからこれ、医療の現場では大問題なんです（★ 耐性株の問題）。でも、こういう野生のプラスミドの牙を抜いて飼い馴らせば、遺伝子操作（★ 組換えDNAと遺伝子操作）の役に立つ家畜に仕立てることもできます。そういう人工のプラスミドが**ベクター**（運び屋）です。元々は大腸菌（★ 大腸菌とヒトでは）を宿主にしていたプラスミドでも、哺乳動物のゲノムで働く「複製開始の配列」をつけ加えてやれば、その動物の細胞内でだって複製されて増えるんですよ。

細胞との共生体　ここの主役は、**ミトコンドリア**と**葉緑体**（や、その仲間）です。どちらも大昔はそれぞれ独立に生きてたバクテリアでした（☆ 仮説の信頼性）。それがもっと大きな細胞に取り込まれて（侵入して?）、そのあと共生の段階を経て、今では真核細胞の膜系の一つ（☆ 細胞小器官（オルガネラ））になってるんです。当然ながら大昔は、それぞれ自前の完全なゲノムをもってました。その後、宿主から借用できるモノの遺伝子を捨てたり、宿主ゲノムに預けたり（奪われたり?）した結果、自前のゲノムは極端に小さくなってしまいました。その変わり方は生き物ごとにさまざまです。ミトコンドリアDNAの場合、環状を保ってるのも棒状になったのもあります。たぶん一番小さいミトコンドリアDNAは、マラリア原虫（☆ 疑問三は）の棒状タイプでしょう。遺伝子は五つしか残ってません。環状で小さい例は意外にも哺乳類（たとえばヒト）ので、一万六千塩基対のDNAに十五個の遺伝子が押し込まれてます。病原体として知られてる**グラミジア**とか**リケッチャ**は、宿主の細胞のなかでしか生きていけない細菌です。そのゲノムもここに入れていいでしょうね。この仲間で一番小さいのは、キジラミ（木の虱《しらみ》、植物の寄生虫）に寄生するカルソネラ。ゲノムはわずか十六万塩基対で、しかもその八割以上がAとTの対（GとCは二割以下）だから、超ビックリです。

偽（重複）遺伝子　ゲノムはいろんなレベルで重複します。ハンチントン病のくり返し（CAG）なんかは遺伝暗号のレベルで、ヘモグロビンの場合（α鎖とβ鎖）は遺伝子のレベルです。元々は十一番染色体にあったグロビン遺伝子が重複して二つになったあと、一方を含む広い領域が十六番染色体に引っ越して（転座）、α鎖の先祖になりました。元のほうはβ鎖の先祖です。転座の前後でそれぞれが変異（★変異、小人の交代）して、互いに協力してヘモグロビン分子を組み立てるようになったからこれらを居候とはよべません。だけどそうならなかったら、どっちかは必要ないワケだから、転写されなくなったり、役立たずのタンパク質しかつくれなくなっちゃうでしょう。そうなったのが「偽遺伝子」です。ヘモグロビン遺伝子の場合でも、転座した後、それぞれが何度か重複しました。そのなかには、偽遺伝子に成り下がったのもいるんです。気の毒だけど、それは居候ですね。

❏DNAは増えたがる分子か

ここまでの粗筋　話の出発点は、原始のスープみたいな環境のなかで「あり続ける」分子があるとしたら、それはどんな分子だろうという疑問でした。そういう分子がないと、フツーの**分子**と「あり続ける」のが特徴の**細胞**とのあいだをつなぎにくいからです。で、僕はそういう分子を「コピー可能分子」ってよんで、その実体を「RNAモドキ」だ、って想像したんです。一方ドーキンスはそういう分子を偶然にできた「自己複製子」とよんで、その実体を「限りなくDNAに近いモノ」だと暗示したんでした。二人のちがいは、RNAを尊重するかしないかです。ドーキンスは僕より一つ年上なだけだけど、「自己複製子」を考えてたのは今から三十年以上前（「RNA世界仮説」が出る前）

のことです。少し用心すれば、「遺伝物質とはDNAのこと」って決めてかかっても大丈夫な時代でした。今はそんな時代じゃないし、原始のスープに突然DNAが現れるってシナリオには賛成できないから、僕はRNAモドキからはじめたんです。だけど、今の細胞の直接の先祖が現れたころの話なら、「遺伝物質とはDNAのこと」で構いませんよ。もう一つのちがいは遺伝子の定義です。僕は「あの本の題名が『利己的なDNA』なら落ち着ける」って、言いました（第6話の「ドーキンスと僕のちがい」）。その理由は、ヒトのゲノムにはアルーやその他、利己的に増えてると思いたくなるようなDNA部分が、たくさんあるからです。ところでDNA一般を考えたら、これはホントに「増えようとする性質」をもった「分子」なんでしょうか？

水の分子やシャボン玉　「分子」の性質は、原子の特徴で、とりわけ最外殻電子の数（ありよう）で説明できるんでしたね（☆ 電子と元素）。コップの水が液体なのも、氷が水面に浮くのも、葉っぱについた雫《しずく》が丸っこいのも、すべて水の分子どうしが水素結合で弱いけど無視はできない集合体をつくるからです（☆ 水の秘密は）。その水素結合は、酸素と水素の最外殻電子の「ありよう」が水分子に与える極性（分子の片側が弱いプラスに、反対側が弱いマイナスになる性質）でキチンと説明されます。水分子が集まり合うのは、決して彼らが「仲がいいから」でも、「団結心があるから」でもありません。そういう擬人化は、場合によってはしてもいいんだけど、いざとなったら分子の形や最外殻電子の「ありよう」で説明できなきゃいけないんです。石ケン水でできたシャボン玉が膨んだり破れたりするコトを正直に説明したかったら、希望や野心、失意や絶望をもち出すんじゃなくて、脂質二重膜の特徴を語るべきです（☆ 細胞の膜とシャボン玉）。

ＤＮＡ分子

こういう態度でＤＮＡを見つめてみましょう。そしたら「ＤＮＡ分子はほかの分子を押しのけてまで（利己的に）自分の複製《コピー》をつくりたがる」、なんていう擬人化を正当化する根拠は見あたりません。ＤＮＡは炭素、水素、窒素、リンの四つの元素からできています。そして、塩基のちがう四種類のヌクレオシドがリン酸をはさんでつながった鎖が二本、逆さまに向き合あって、塩基どうしがつくる水素結合でピッタリした「対」をつくって、くっつき合った分子でしたね。「篤志（Ａ）と朋子（Ｔ）はカップルだ」というたとえ（★ＤＮＡの特徴）には、水素結合という根拠があります。水素結合は、「互いに相手の鎖の鋳型になれる」ってコトも「雑種ＤＮＡができる」ってコト（★ＤＮＡの雑種）も説明してくれます。でもＤＮＡ分子のどこを叩いたって、「自分のコピー複製をつくりたがる」ってコトを支えてくれる根拠は出てこないんです。

ＤＮＡ分子の素顔

むしろ、「ＤＮＡ分子は自分のコピーが勝手につくられるコトを拒否してる」と擬人化したくなるくらい、ＤＮＡを増やす「複製」の過程にはたくさんのハードルが置かれてます。専門の講義で習うかもしれないけど、ＲＮＡを増やす「転写」の過程と比べると、それは一目瞭然なんです。だけど、ＤＮＡはほかの核酸に比べて正確なコピーをつくりやすい分子だったんで、たまたまこれを遺伝情報物質に使った細胞が、地球のある時期の環境を生き延びることができて、現在の細胞の先祖になれただけの話だと思いますよ。だから僕は、遺伝子とよぼうが何とよぼうが、ＤＮＡを「利己的に増えたがる分子だ」っていう意見には、同意できませんね。

第8話 DNAのつくり方

いただいた具体的な質問は、ＤＮＡ鑑定の話で紹介したＰＣＲ（ピーシーアール、ポリメラーゼ連鎖反応）法についてなんです（★ＤＮＡの増やし方）。でも、これをチャンとわかっていただくには、ＤＮＡのつくられ方を知っとく必要があるんで、今日はこれを主にお話しします。

❏核酸という鎖

鎖の伸ばし方　生き物（細胞）が何か長い「鎖状のモノ」をつくるとき、両方の端を同時に伸ばすってことはやりません。必ず一方の端にだけ、新しい「鎖の環」をつけ加えて、そっちの端だけを伸ばすんです。人間が鉄の鎖を製造する場合でもそうでしょう。そういう鉄の鎖の場合、それを伸ばすのに使う新しい「環」は、U字型っていうか視力検査のマーク型っていうか、一箇所に隙間のある「閉じてない環」ですよね。それをできかけの鎖の、伸びるほうの端に通してから、力をかけて開いてた隙間を閉じるわけです。初めから隙間が「閉じてる環」じゃ、鎖を伸ばす役には立ちません。力をかけなかったら、新しい「環」は外れちゃいます。鉄の鎖の伸ばし方でわかった二つの教訓は、生き物が「鎖状のモノ」をつくるときにもあてはまります。次の二つを、ぜひ憶えといてください。

教訓一、鎖になってしまった部分の「環」と新しく加わる「環」は、**形がちがう**。

教訓二、鎖に新しい「環」を加えるときには、力（**エネルギー**）**が必要**だ。

ポリヌクレオチド

「生き物がつくる鎖状のモノ」を一般にはバイオポリマーってよびます。「ポリマー」って、鎖の「環」にあたる「基本単位（モノマー）」がつながってできたモノって意味です。エチレンをたくさんつなげたらポリエチレン、ペプチド結合でアミノ酸残基がたくさんつながってるとポリペプチドですね。この流儀でいけば、核酸はRNAもDNAも**ポリヌクレオチド**ってことになります。核酸の「環（基本単位）」がヌクレオチドだからです。「ヌクレオシドにリン酸がついたらヌクレオチド」って、憶えてましたか（第4話の「遺伝物質のいろいろ」）？　ついでに言うと、「モノ」と「ポリ」のあいだに、「オリゴ」っていう領域があります。オリゴがカバーする範囲は気まぐれで、下は三つから、上は多くはないって思えるトコロまでです。

核酸をつくる酵素

「ポリエチレン」には、化学工場で合成されるってイメージがあるように、「ポリヌクレオチド」は、合成装置で化学的につくることもできます。でも今日のテーマは、装置でつくるポリヌクレオチドじゃなくて、生き物がつくる核酸です。今の生き物が使う「核酸をつくる酵素」は、三つのグループに大別されます。（一）今日の主役の、DNAを鋳型にしてDNAをつくる**DNA合成酵素**、（二）今日はチョイ役の、DNAを鋳型にしてRNAをつくる**RNA合成酵素**、（三）まったく出番のない、RNAを鋳型にしてDNAをつくる**逆転写酵素**。この三つです。逆転写酵素はエイズウイルスなんかの話で出てきましたね（第7話の「利己的に見えるDNA」）。それ以外にも染色体の端（テロメア）を補修する酵素がこのタイプです。RNAを鋳型にしてRNAをつくる酵素もあって、これは「RNA世界」では主役だったんでしょうね。ただし今の動物の細胞で働いているのかどうかよくわからないので、これは無視させてもらって三グループです。この三グループに共通する、核酸をつくるときの大原則が二つあります。これも頭に入れといてください。

大原則一、新しく加わる「環」は、鋳型の側の「環」と**塩基対をつくれる**ヌクレオチドだ。

大原則二、その「新しく加わる環」として使われるのは、**5′-ヌクレオシド三リン酸**だ。

5′-とか3′-とか

「5′-ヌクレオシド三リン酸」って、目新しい表現でしょう。この「5′-」は、ヌクレオシドの五炭糖に番号を振るときの約束に関係してるんです。第4話の**図5**を描いたときにチラッと言ったんだけど、リボースやデオキシリボース単独のときは、その炭素に素直な普通の番号を振っていいんです。だけどヌクレオシドになると、塩基の骨格になる炭素や窒素とも区別しなきゃならないでしょう。アデニンやグアニンの骨格には原子が九つもあるから（チミンやシトシン、ウラシルなら六つ）、そっちに1から9まで（6まで）の普通の番号を譲って、1から5までしかない五炭糖の番号には「′」をつけるんです。だから「大原則二」は、「生き物が核酸をつくるときの材料は、ヌクレオシドのリボースかデオキシリボースの五番目の炭素にリン酸が三個ついてるヌクレオチドだ」、って意味です。ついでだから、核酸を横書きするときのルールも紹介しときます。

配列の描き方

今まで僕が核酸の塩基配列を書いて見せるとき、必ず一方の端に矢印（↓）をつけてましたよね。AGGCGC↓こんな具合で、「矢印は鎖を読む方向を示してるんだ」って言ったでしょう。今ならこれを、矢印のあるほうが「3′-末端」で、その反対側は「5′-末端」だ、って説明します。この六残基（ヌクレオチドの場合も、脱水した形で鎖のなかに入ってしまったら「残基」です）を横書きにしたら（**図9**のイ）、当然Aが左端で、Cは右端ですね。さっき「ルール」っていったのは、5′-末端を左側に書くことです。3′-末端は右側です。もう少しオリゴヌクレオチドらしく描いてみたのが（ロ）です。塩基は今までどおりの省略記号で、その下にリボースかデオキシリボースを表す棒線を加えました。短い横線は炭素の位置を示してて、上から一番炭素、二番炭素の順です。塩基記号と棒線を合わせればヌクレオシドになります。左端以外のヌクレオシドの五番炭素の水酸基と、その左隣のヌクレオシドの三番炭素の水酸基とのあいだにリン酸が入って両者をつなげています。「大原則二」で「環」の材料を5′

5′　AGGCGC　3′　　（イ）

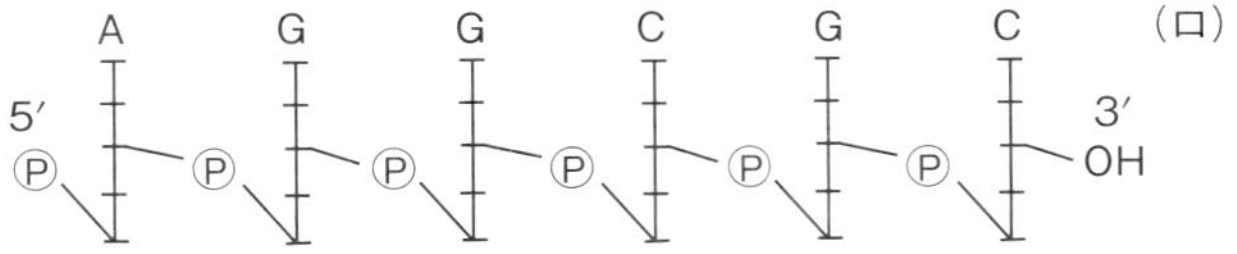

図9　オリゴヌクレオチドの描き方

塩基だけをならべて書く場合が（イ）で,「ルール」に従ってるかぎり，3′-末端の矢印（→）は不要です。ヌクレオチドの配列らしく描いたのが（ロ）です。タテ棒は五炭糖の骨格，ヨコ棒は炭素の位置を示してます。塩基の記号と棒のセットで一つのヌクレオシドです。左端以外のヌクレオシドの5′-炭素とその左隣のヌクレオシドの3′-炭素のあいだを，リン酸がつなげてます。左端は，フツーは五番炭素にリン酸が1個残った「5′-末端」で，右端は，三番炭素が水酸基のままの「3′-末端」です。

－ヌクレオシド三リン酸って言ってるから、左端のヌクレオチドはリン酸基を三つもっててもいいんだけど、一つしか残ってないのがフツーです。これが「5′－リン酸」です。右端のヌクレオチドの三番炭素は水酸基のままで、これを「3′－水酸基」とよびます。

❏核酸をつくるときの方向

大原則の言い換え　ここからは逆転写酵素も除いて、ＤＮＡ合成酵素とＲＮＡ合成酵素に話を限ります。どちらもＤＮＡを鋳型にします。核酸をつくるときの大原則の意味を、この二つの核酸合成酵素にあてはめて確認しましょう。「大原則一」は、鋳型になるＤＮＡがないとＲＮＡもＤＮＡもつくられない、ってことです。これはこの二つの酵素の定義なんだから当然ですね。難しいのは「大原則二」のほうで、これを言い換えると、核酸の鎖は必ず**3′－方向に伸びていく**、ってことになります。これは「大原則三」って言ってもいいくらい大切なことです。でも、核酸の配列は鋳型ＤＮＡの配列に対応して決められるっていう「大原則一」と、鎖の材料には5′－ヌクレオシド三リン酸だっていう「大原則二」の二つがあると、こうしかならないので大原則には入れませんでした。

教訓は活きている　**図10**を見てください。まず（ハ）と（ニ）です。どちらも四残基のオリゴヌクレオチドに、五番目のヌクレオチドが加わろうとしています。鎖のなかの「環」はヌクレオシド一リン酸だけど、新しく加わる「環」はヌクレオシド三リン酸だから、「教訓一」は活かされています。（ハ）では右（3′－の）側からＣＴＰがやってきて、ソイツの左から二番目と三番目のリン酸のあいだにある、「細胞の利」（☆通貨であるワケ）になる「リン酸どうしの結合」を切ります。外側のつながり合った二個のリン酸を切り離して、そのときのエネルギーを使って残りの部分（CMP、5′ーシチジン一リン酸）をオリゴヌクレオチド右端の3′ー水酸基にエステル結合させるんです。新しい「環」を加えるときにはエネルギーは必要だという「教訓二」にも適っています。

5′ーヌクレオチドの使い方　そういう次第で、（ハ）の四残基のオリゴヌクレ

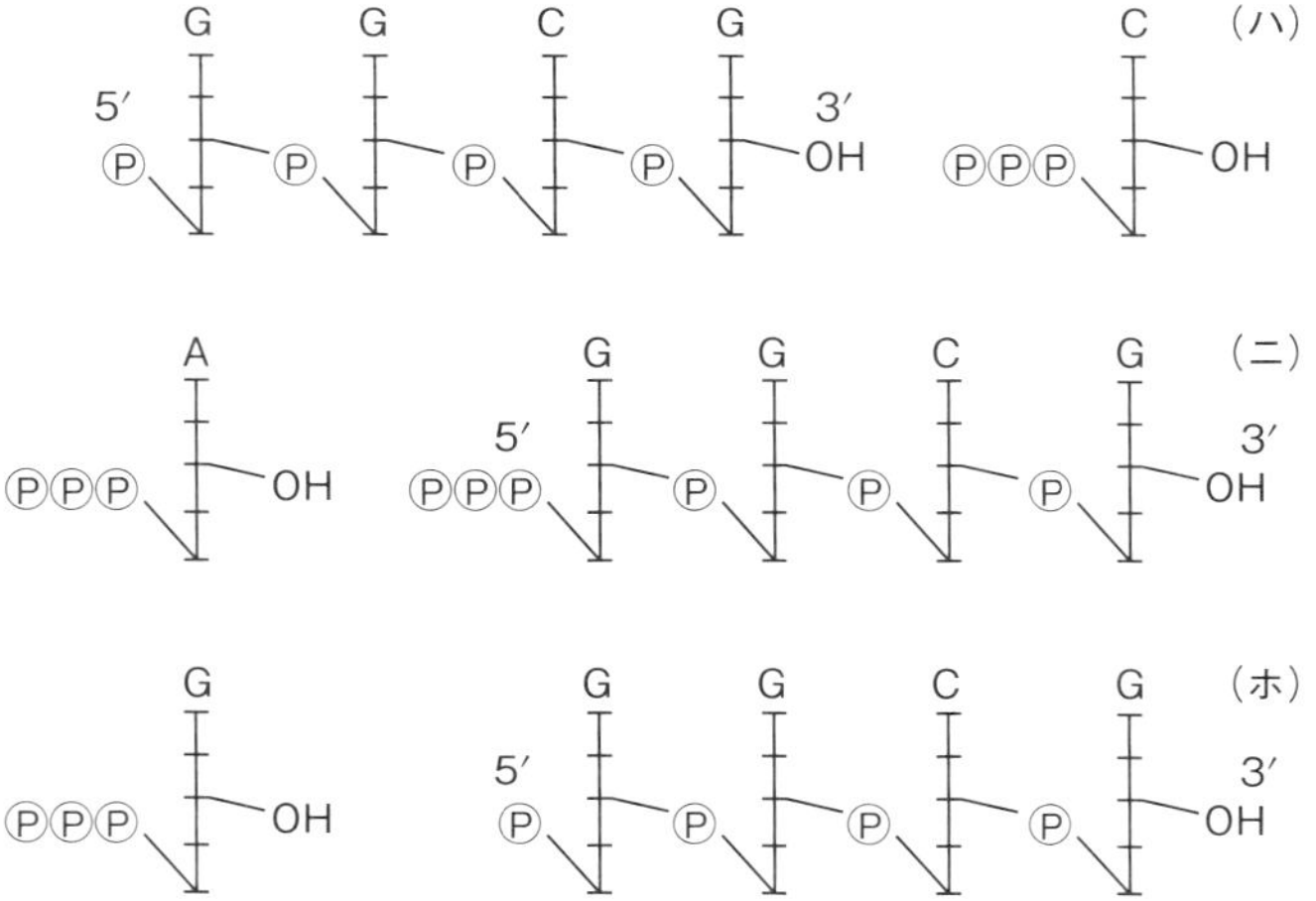

図10　オリゴヌクレオチド鎖の伸び方

鎖が3′方向に伸びるのが（ハ）の形です。右側から近づく新しい鎖の環（**C**TP）が自分のⓅⓅ～Ⓟを分解したエネルギーで，GGCGの3′-OHにくっつきます。鎖が5′方向に伸びるなら（ニ）の形になるはずです。左から近づく環（**A**TP）をくっつけるには，オリゴヌクレオチドの5′末端に，ⓅⓅⓅ-が残ってなきゃなりません。そうだとして，そのⓅⓅ～Ⓟを分解したエネルギーで**A**GGCGになったとします。ところが，万一この**A**が間違いだったら大変です。つなげてしまった**A**MPを除いて，正しい環（**G**TP）を迎えようとしても，もうくっつけるエネルギーがありません（ホ）。

オチドは3′-方向に一残基伸びて五残基になりました。もし万一、このＣに対応する鋳型の塩基がＧでなかったらどうでしょう？ 問題ありません。ウッカリ加えてしまったＣＭＰを切り出して捨てれば、元のオリゴヌクレオチドに戻るだけです。鋳型に対応する適切な5′-ヌクレオシド三リン酸を使って、やり直せばいいんです。さて、**図10**の（ニ）の場合です。今度は左（5′-の）側からＡＴＰがやってきて、左方向へ「環」を一つ伸ばすんだけど、つなげるときに使うエネルギーは、やってきたＡＴＰの分じゃなくて、オリゴヌクレオチドの左端に残っていた分です。「ここにはリン酸が一つしか残ってないのがフツー」ですけど、鎖が5′-方向に次々に伸びてる場合なら、三つ残ってるほうが自然でしょう。5′-ヌクレオシド三リン酸を使っても、5′-方向へ鎖を伸ばすことはできるみたいです。トコロガですよ。もし万一、このＡに対応する鋳型の塩基がＴじゃなくて、Ｃだったらどうでしょう？ 「大原則一」がある以上、塩基対のできないヌクレオチドを残しとくワケにはいきません。入ってきたＡＴＰを切り捨てることはできますけど、残ったオリゴヌクレオチドの5′-末端にはリン酸が一個しか残りません。「細胞の利」になる「リン酸どうしの結合」がないんです（ホ）。こんど鋳型に合うＧＴＰが近づいてきても、くっつけるエネルギーがないんだから「万事休《ばんじきゅう》す」です。どんな人にも、どんな酵素にも、過ちを犯すことは避けられません。そういう酵素にとって、あの二つの「大原則」の下《もと》で安全確実に、5′-方向へ鎖を伸ばすことは、不可能なんです。核酸の鎖は3′-方向にしか伸ばせないんです。

❏DNA合成の特徴

デオキシヌクレオシド三リン酸　ここからはDNA合成の話に絞ります。だから合成の材料（鎖の「環」）の5′-ヌクレオシド三リン酸は、リボースの代わりに2′-デオキシリボースをもってるヤツです（第4話の**図5**）。これをデオキシヌクレオシド三リン酸とよぶことにします。もちろんリン酸がついているのは5′-の炭素ですよ。略号は「dNTP」です。

二本鎖が同時に　さて、DNA合成は（DNA）複製ともよばれます。この複製のおもしろさと難しさは、鋳型DNAが二本あって、しかも互いに逆向きに対合《ついごう》してることです。そういうDNAの複製全体を遠くから眺めると、二本の複製が同じ方向へ進んでいるように見えます。**これは不思議な**ことです。自分で絵を描くと納得しやすいですよ。長さ七、八センチの横線を**黒鉛筆**で一本描いてみてください。これは二本鎖DNAです。遠くだから、二重ラセンのDNAも一本の線にしか見えないわけです。複製が左端からはじまりました。最初の線の下に、左端が二センチほど、上下に開いた横向きのVの字を描いてください。このVの文字の底（右側）に横線をくっつければいいんです。やたら足の長いYの字をヨコにした感じですね。Vの部分は、新たに複製された二本鎖DNAです。ここも遠目だから、二本鎖でも一本の線にしか見えません。その下に、さらに複製が進んだ状態を描きましょう。最初の横線の左半分くらいを、「大きな」横向きのVの字にするワケです。これでもう十分でしょう。遠くだから一本の線にしか見えないDNAの二本の鎖のそれぞれ（エッ鎖とホイ鎖でしたっけ。★DNA）が、**両方とも**左端から右の方向に複製されているんです。

不思議な理由　これがなぜ「不思議」なのかは、遠くから眺めてたDNAに近寄って見ればわかります。最初の一本線の横に、同じ長さの線を二本、二、三ミリの間隔をとって描きましょう。上の線（エッ鎖）の右端に矢印の頭をつけて、「3′-」と書き込みます。下の線（ホイ鎖）には左端を矢印にして、ここにも「3′-」を書き入れます。矢印のないほうの端は「5′-」ですね。これで逆向き二本鎖のＤＮＡがよく見えるようになりました。Ｖの字のついた図の横には、それぞれエッ鎖とホイ鎖が、Ｖ字の部分だけ離れていくような二本の線を描きます。横線のままの部分は二本鎖だけど、斜めの部分は一本鎖になってるワケです。すべての線の端には、「矢印と3′-」か「5′-」を書き込めば準備完了です。ここへ**赤鉛筆**で新しく合成されるＤＮＡ鎖を書き入れるんです。新しい鎖は、黒鉛筆で書いた鋳型ＤＮＡの逆向きじゃないといけませんね。ホイ鎖の左下へ折れ曲がった端は3′-ですから、Ｖの字の内側に黒線に沿って（二、三ミリ離して）、右上向きの赤線の矢印を描いてください。そして赤字で左下の端に5′-、右上の端に3′-と書き入れたら完成です。ホイ鎖を鋳型にして新たにつくられたＤＮＡは、鋳型とは逆向きで、しかも3′-方向へ伸びていっています。ＤＮＡ合成の**お作法どおり**です。さて、エッ鎖を鋳型にしてもお作法に適ったＤＮＡ合成ができますか？

岡崎令治《れいじ》さん　エッ鎖側の左上に伸びてる一本鎖に添わせて（Ｖ字の内側に）、左上向きの矢印を赤鉛筆で描くのは簡単です（まだ描かないでくださいよ）。鋳型と逆向きで3′-方向へ伸びていってる点じゃ合格です。だけど遠くから見たときは、エッ鎖のほうの複製も左端から起こって右方向へ進んだんでしたね。エッ鎖を鋳型にしてできた新しいＤＮＡはその逆を向いちゃうじゃないですか！しかしデオキシヌクレオシド三リン酸を使うＤＮＡ合成酵素は、描こうとした左上向きの赤い矢印のようにしかＤＮＡをつくれないんです。これは大矛盾でしょう。この矛盾を解決したのが岡崎令治さんと夫人の恒子さんです。中学生のときに広島原爆の黒い雨を浴びた令治さんは、昭和五十年、四十四歳の夏に白血病で亡くなりました。生き物を研究している世界中の学者が、「ノーベル賞は確実だったのに」と、彼の早すぎる死を悼んでいます。岡崎さんが解決した結果をエッ鎖に添って描いてみましょう。「左上向きの**短い矢印**」を、左上から右下の分岐点に向かって順番に描くんです。

不連続な合成　一番左上のが①で、その右下が②です。三段目の「大きな」折れ線がある図なら、③、④くらいまで描けるでしょう。④まで描いたら、①と②、②と③のあいだをつなげて一続きにしておきましょう。③と④のあいだは、まだつなげません。初めの②や、次の④のような短い赤い矢印（短いDNA）は、岡崎さんを忘れないように「**Okazaki fragments（オカザキ断片）**」とよばれてます。明らかになった最重要の点は、次の三つです。

一、DNAの一方の鎖（エッ鎖）は、不連続な小断片ごとにしか複製できない。
二、不連続につくられたDNAの小断片は、DNAくっつけ酵素（リガーゼ）でつなげられる。
三、小断片をつくるためには、その出発点でごく短いRNA（プライマー）の合成が必要だ。

プライマー　このプライマー（ごく短いRNA）がなぜ必要かっていうと、DNA合成酵素は、鋳型DNAと合成材料のデオキシヌクレオシド三リン酸があるだけじゃDNAをつくれないからです。つくりはじめる土台が必要なんです。その土台が「プライマー」です。細胞のなかじゃ大概はRNAなんだけど、厳密にいうと「鋳型と塩基対をつくっているヌクレオチドの3′-水酸基」です。**図10**の（ハ）で、「ウッカリ加えてしまったCMP」の3′-水酸基は、鋳型と塩基対をつくらないからプライマーになれないってコトですよ。だからホントに切って捨てないかぎり、複製は続けられないんです。プライマーはデオキシヌクレオチドじゃなくてもいいので、鋳型と塩基対をつくれるRNAでも、その3′-末端はプライマーになれるんです。RNA合成酵素はプライマーを必要としないから、鋳型のほうにプライマーをつくるのに適した配列を見つけたら、そこから十残基くらいのRNAをつくりはじめます。その先（3′-側）にデオキシヌクレオチドがくっついて、DNA合成が進んでいくワケです。だから、さっきあなたが描いた、①とか②とかの短い赤矢印（オカザキ断片）の根元は、みんなRNAです。でもたとえば、②の「DNAを」つくってるDNA合成酵素が①の根元のRNAまできたら、その酵素が①のRNAを取り除いてDNAに置き換えるから問題はありません。もちろんそれでも、①と②はまだつながってません。それをつなげるのが、DNAくっつけ酵素です。この酵素、遺伝子操作するときに使いましたね（★ 切ったDNAをくっつける）。さて、これで細胞がやってるDNA複製の仕組みが大体わかったでしょう。これ以上のことは「マトモな教科書」で勉強してください。

❏PCR法のイメージ

試験管内でDNAを増やす

PCR（ポリメラーゼ連鎖反応）法とは、試験管のなかで狙いをつけたDNAの特定の領域だけを増やす方法のことです（★ DNAの増やし方、胎児の細胞）。PCR法の「ポリメラーゼ」とは、DNA合成酵素のことです。だからこの方法、基本はDNA複製と同じです。ちがうのは、「狙いをつけた」領域だけを増やすことです。胎児でも成人でも、何かの病気になりやすい遺伝子を調べるような場合、ヒトのゲノムは完全にわかってると思っていいから、「どこ」

を見ればいいかもわかってるワケです。そこでＤＮＡの合成にはプライマーが必要だという性質を利用します。エッ鎖を鋳型にしてホイ鎖の「そこ」を合成するようなＤＮＡプライマー（図11の白い四角）と、ホイ鎖を鋳型にしてエッ鎖の「そこ」を合成するようなプライマー（黒い四角）とを人工的につくって、そこからＤＮＡ合成をはじめさせるんです。

ＤＮＡプライマーの威力

その辺りの塩基配列は完璧にわかっていますから、合成したいと思う「目的領域」を挟んだ二か所とピッタリ合う、二種類のＤＮＡプライマーをつくることができます。仮に二十残基のオリゴデオキシヌクレオチドをつくるとしましょう。二十塩基の並び方には、四の二十乗（$4^{20}=1{,}099{,}511{,}627{,}776$）で、約一兆（十の十二乗）の種類があります。そのうちの特定の一種類をつくるんです。ヒトのゲノムの塩基対数は約二十九億です。エッ鎖とホイ鎖があるからこれを二倍にして、さらに両親からもらったゲノムがちがうとしても、配列の全長は百二十億塩基に達しません。それを端から一塩基ずつずらしてみたって、二十塩基の並び方はたかだか百二十億種類しかないんです。だから「計算上は」、人工的につくった二十残基のオリゴヌクレオチドがピッタリ塩基対をつくれる場所は、それぞれの「プライマーに選んだ場所」しかないことになります。一兆分の百二十億は一よりもはるかに小さいからです。

ＰＣＲ法の手順　小さな試験管に、ごくわずかな細胞から取り出したＤＮＡと、二種類のプライマーと、四種類のｄＮＴＰを入れます。まずセ氏九十度くらいの熱をかけて（高温）、細胞のＤＮＡを二本の一本鎖（エッ鎖とホイ鎖。★ＤＮＡの特徴）に離します。それを四、五十度まで下げると（中温）、細胞からの長いＤＮＡは相手をうまく見つけられずに一本鎖のままだけど、短いプライマーはすぐに鋳型DNAの対応する配列と塩基対をつくります（★DNAの雑種）。これでDNA合成の用意が整いました。そこに大腸菌かなんかのDNA合成酵素を加えれば、三十度くらいの温度で反応開始です（低温）。温度と時間をプログ

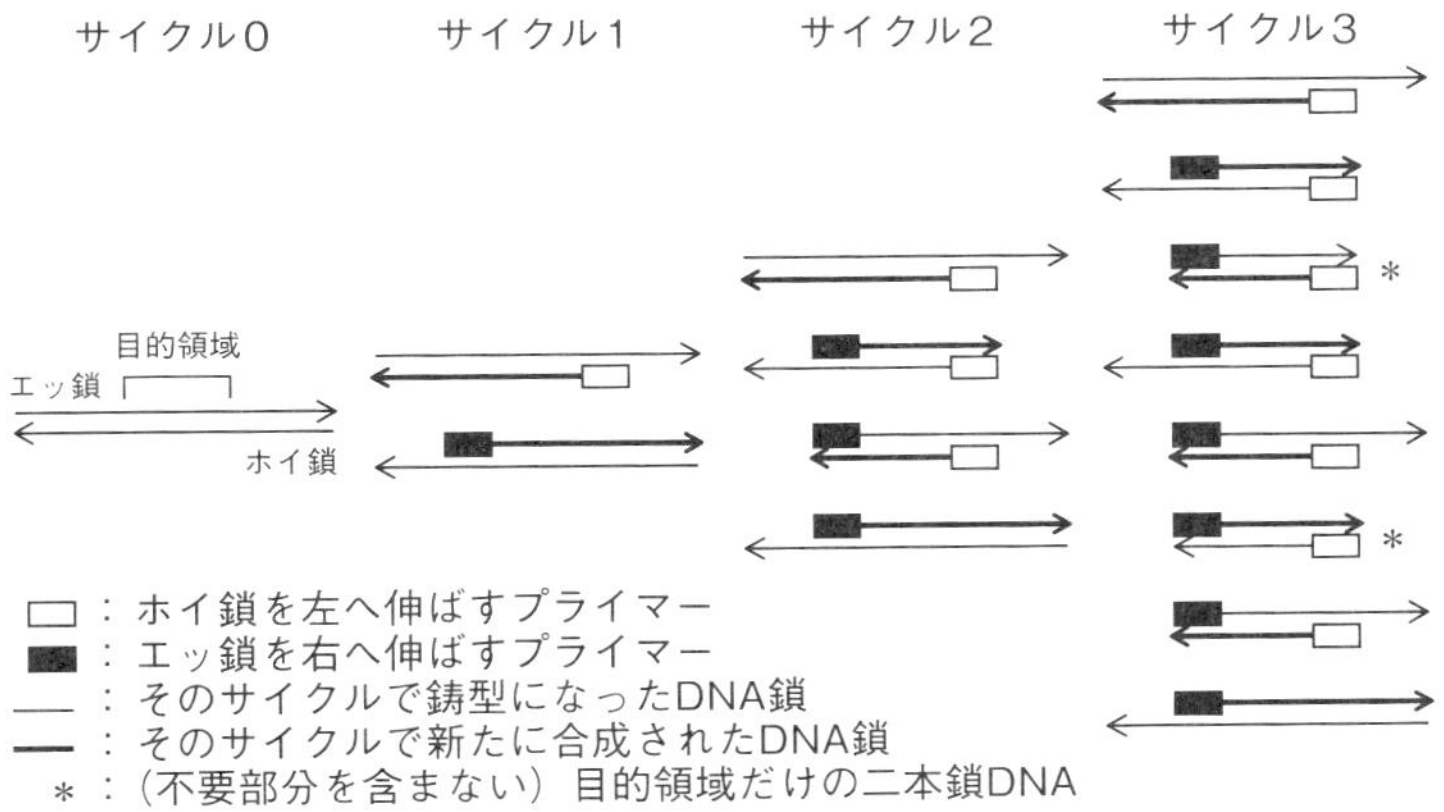

サイクル	0	1	2	3	4	n
全DNAの本数	1	2	4	8	16	2^n
不要部分を含むDNA	(1)	2	4	6	8	$2n$
目的領域だけのDNA	0	0	0	2	8	2^n-2n

図11　PCRのサイクル数と産物の形と量の関係

「サイクル0」にある2本の線が，わずかな細胞から取り出した二本鎖のDNAで，この図では短いけど，「目的領域」と比べればトテツもなく長いんです。もちろん矢印の先が3′-末端で，反対の端が5′-末端です。目的領域だけを含む二本鎖DNA（＊）は，「サイクル3」でやっと2本だけ現れました。でもその数は，サイクル数を「n」としたら「2^n-2n」で増えるんです。だからサイクル4なら8本，サイクル20では「$2^{20}-2\times20$」で，$1{,}048{,}576-40=1{,}048{,}536$，100万本以上です。20サイクルといっても1時間45分，まぁ2時間足らずですんじゃうんですよ。

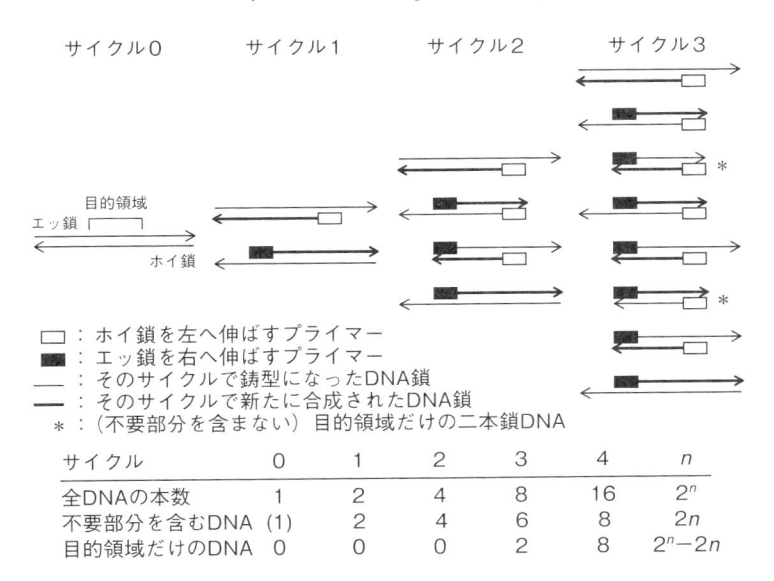

ラムして自動的に変えられる装置を使えば、あとは高温→中温→低温、のサイクルをくり返すだけなんですよ。これを二十サイクルもさせれば、たった一本のDNAから、狙いをつけた領域のDNAを百万本以上に増やすことができるんです（図11）。スゴイですね！　でもチョッと待ってください。これじゃまだ、スゴサが足りません。

アーケアの酵素

大腸菌も含めて、僕らのまわりにいる生き物はどれも三十度前後の世界に棲んでいます。だからどの酵素も、三十度前後の温度で働くんです。そういう酵素はタンパク質だから、高温にさらすと「ゆで卵」の白身みたいに固まってしまいます。「変性」して、酵素としての働きを失うんです。とすると、一サイクル目の反応の後、二サイクル目の「高温」にすると、大腸菌のDNA合成酵素は死んじゃうワケです。各サイクルの「低温」がくるたびに、新しい酵素を継ぎ足さなきゃなりません。面倒なだけじゃなくて、小さな試験管のなかで「酵素の死骸」が増えていくから、DNA合成そのものがウマクいかなくなります。そこを解決してくれたのがアーケア（古細菌、☆五界説の破綻）です。彼女らはセ氏百度くらいの環境が「棲みか」ですから、その酵素だって九十度なんかはヘッチャラです。むしろ三十度くらいだと寒すぎて働けません。それでDNA合成は、プライマーが外れない程度、七十度くらい（中高温）でさせることになります。サイクルを高温→中温→中高温、に変えるんです。そうすると、いちどDNA合成酵素を入れて小さな試験管のふたを閉めたら、あとは完全に「自動温度変更装置」に任せるだけです。これが現代のPCR法です。

第9話 他人に親切をする理由

生き物の進化に理屈づけをしたウォレスとダーウィンの「自然選択説」に欠けてたのは、生き物に多様性を与える「(突然) 変異」や、その元になる「遺伝子」の知識でした。実は彼らの説が公表されるより三年前に、メンデルが遺伝の法則と遺伝を支配する要素 (今でいう遺伝子) について論文を書いているんです。でもそれはドイツ語で植物の専門雑誌に発表されてたから、イギリス人のダーウィンたちは気づかなかったんですね。後になってメンデルの研究に気づいた人たちが、自然選択説をそれぞれ都合のいいようにいじくり回したから、ダーウィン党にもいろんな派閥が生まれました。

❏現代の自然選択説

自然選択の意味

ダーウィンのいわゆる「自然淘汰 (★ 進化とは?・)」って、ライオンがシマウマを食べて生き残るって意味じゃありませんよ。この関係を「弱肉強食」っていうのも間違いです。シマウマが「食べられ役」にしかならないのは、弱いからじゃありません。彼らは草食動物だから、ライオンなんかには食欲がわかないんです。だいいち、肉食獣が食べるのは草食獣の肉だから、仮にシマウマが肉食性だったとしても、ライオンを食べたいとは思わないでしょうね。それから、セイヨウタンポポが、都市化した地域でニホンタンポポを押しのけてるのも、自然選択（自然淘汰、自然による選別）とはちがいます。この二つの例は、どっちも「種」がちがう生き物のあいだの問題でしょ。「自然選択」の意味は、**同じ種**の個体たちが「選択の篩《ふるい》」にかけられたとき、篩い落とされた個体は子孫を残せないで、落とされなかった個体が子孫を残していく、ってことです。

スペンサーがらみの訂正　ここでちょっと、前に言ったことを訂正させてください。それは「進化」（★「進化」という言葉）と、「（最）適者生存」（★生存不適者たち）についてです。僕は、生き物が多様化していくことを、「ダーウィンが」進化（evolution）と表現した、って言いました。でもこの意味で evolution を最初に使ったのは、彼より十一歳若いH・スペンサーです。若いけど先に『発展仮説』って本を書いて、そこで使ってるんですね。僕は、ダーウィンが「最初に」使ったとは言わなかったけど訂正しときます。また、「適者生存（survival of the fittest）」は、確かにスペンサーの造語だけど、使われ方はダーウィンの「自然選択（natural selection）」とほとんど同じで、だからダーウィンも「自然選択」と「適者生存」を半々くらいに使ってたんです。それから、スペンサーが「社会進化論」を唱えたってことは間違いじゃないんだけど、これを「植民地主義の正当化」に転用したのは、彼より後の人たちでした（八杉龍一『ダーウィニズム論集』岩波書店）。

運も実力のうち　地球の大概の場所には、何種類かの生き物が共存しています。だけどそのなかに、同じモノを主食にする複数の種がいたら必ずその食べ物の奪い合いが起こって、そこにはそのうちの一つの種しか生き残りません（★ニッチ、生き物が棲む場所）。この争いは、さっきも言ったけど、「自然選択」じゃありません。ダーウィンがいう自然選択って、そのニッチを勝ち取った種のなかの個体（や家族）どうしのあいだで起こることです。「力（知力や体力、脚力）」と「運」、このどれかに恵まれなかった個体はそのニッチ（この世）から消されてしまいます。主食になるモノ（生き物）を手に入れられるかどうか、あるいは、自分を食べたがってるヤツ（生き物）から逃げおおせられるかどうか、そういう「篩いかけ」を受けたときに落とされずに生きぬいて子孫を残すこと、それが**自然選択**されるっていう意味です。「運も実力のうち」なんです。

シマウマのシマ模様　この話を、シマウマを例にして説明シマしょう。僕らにはあの白黒のシマ模様はマジ目立ちます。僕らを含めたサルらしいサルの仲間（霊長類の真猿亜目）は、明暗のほかに、青と赤と緑（光の三原色）を区別できるカラーの世界に住んでます。だから、青い空の下、赤茶けた土と緑の草のなかに群れる、白と黒の明暗の際立ったシマウマを一匹、一匹チャンと区別できます。でも恐竜の全盛期に夜の薄明かりのなかでコソコソと餌を漁っていた哺乳類の先祖は、色の区別を大切にしなかったんで、青と赤のあいだをつなぐ緑の検出器を捨ててしまいました。それを取り戻したサルは、未熟な実と熟れた実を見分けて生きているけど、哺乳類の大部分は青と赤が基本の世界に生きてます。光の三原色がそろってはじめて「白」が見えるんだから、その世界じゃ青と赤とそれが混じった色しかありません。かなりぼやけたモノクロの世界に近いでしょう。アフリカの草原で群になってるシマウマを見たライオンは、空の下に「空色じゃない色」の濃淡のちがう妙なシマ模様の一団を感じるんでしょうね。何十頭ものシマウマが前後左右に重なりあってたら、一頭一頭の個体は全体のなかに紛れてしまうからです。もちろん群から離れた一頭を見れば、草食獣の姿を感じとれるでしょう。だから狩をはじめた肉食獣は、群から一頭だけを切り離そうとするんです。一頭にしちゃえばその輪郭がわかってきて、追跡、襲撃の目標にできるからです。

シマ模様が救ったモノ

シマウマのシマ模様は、アフリカの草原で何を救ったんでしょう？　何の生き残りを助けたんでしょうか？　シマウマという「種」を救ったんなら、シマ模様のないヌーやガゼルみたいな種は、救われなくて絶滅してるはずですよね。でもそんなコトはないんだから、救われたのは、「いつでも群の内側にいようとしてて、しかもそれを実行できた個体」ってことになります。だけど、そうやって何度か危機を乗り越えても、寿命がくれば「夕べには白骨となれる身なり」です。じゃ、何が生き残ったかっていうと、その個体の子どもたちです。いつも群の内側で行動するっていう能力を受け継いだ子孫が、生き残るんです。こういう能力は「学習的」じゃなくて「生得的」なモンですね（★基本は同じ）。学習的なら「失敗から学ぶ」ことが必要なんだけど、幼いシマウマにとっての失敗は一巻の終わりで、その経験を活かす機会が消えちゃうからです。生得的な行動を左右するのは、遺伝的なプログラムでした（★生得的なしかけ）。というわけで、新ダーウィン党のある派閥では、こんなふうに説明します。シマウマのシマ模様が救ったモノは、シマウマという「種」でもなければ、何度かの危機を乗り越えた「個体」でもない。そうじゃなくて、その個体にそういう行動をとらせた「遺伝子」だ、っていうんです。そして、「進化とは、その環境に適した遺伝子が集団のなかで増えていくことだ」って考えます。『利己的な遺伝子』って本は、この派閥の広報を担当するドーキンスが書いた、派閥の声明書（マニフェスト）みたいなモンです。

❏奉仕行動する生き物

わが身を犠牲に

「人間は気高いから、愛のため、義のために、わが身をも犠牲にする」なんていいながら、浮気はもちろん、詐欺、汚職、暗殺、まで平気でやっちゃうんだから、その「気高さ」にはあまり信用がおけません。でもフツーのお父さんは、気高さの自慢なんかひとことも言わないで、家族のためにと、労災認定されそうなくらいの過酷な勤務に耐えておいでです。「いやホント、独身だったらこんな働きバチみたいなコトしませんよ」なんておっしゃってね。ところでこの派閥には、こういうお父さんたちの犠牲的な行動ではなくて、女王になれなかったメスのハチやアリ、ホンモノの「働きバチ」や「働きアリ」の奉仕的な行動に関心をおもちの先生（E・O・ウィルソン）がおられます。実はね、女王と働きバチ（アリ）のゲノムは同じなんです。同じなのに、育つときの栄養のちがいで、たまたま「姫」として育てられた個体だけが、卵を産める「女王」になるんです。そして残りの姉妹たちはすべて、卵を産まない「女中」になっちゃうんですね。そこでこのセンセイは疑問をもちました。「同じゲノムをもってるなら、女中バチだって交尾して自分の子ども（卵）が産めるはずだ。なのに、なぜそうしないで、「母親」と「妹か姉（姫）」のために、一生を奉仕労働に捧げるのだろう？　自分自身の子孫（遺伝子）を残さないように行動させる遺伝子が、なぜ自然選択で篩い落とされなかったんだろう？　こういうういう疑問です。

奉仕行動を促す遺伝子

たとえばトックリバチにつぼ型の巣作りを促すように（★生得的な行動）、女中になったミツバチを女王や姫への奉仕にかりたてる、そんな遺伝子があることは認めることにしましょう。なぜなら、ハチでもアリでも四億年ほど前から今みたいな生活をしてるからです。その長い時間この生活が続いてきたってことは、それを支える遺伝的なプログラムがずっと引き継がれてきたためで、遺伝子なしにはそんなコト考えられないからですよ。ここを認めれば、この「奉仕の遺伝子」にも、ほかの遺伝子と同じような自然選択の篩がかけられてきたことになります。女中バチは子どもを産まないんだから、彼女の遺伝子が集団に広まることはありません。また、ミツバチでもスズメバチでも、オスは受精しない卵から生まれるので父親のゲノムは娘たちにしか伝えられません。その娘たちの圧倒的な多数は女中バチになっちゃうんでした。これを簡単に言い直すと、ハチの遺伝子はすべて女王から女王へとしか伝えられないってコトです。奉仕の遺伝子がもっぱら奉仕を受けるだけの女王のゲノムで伝えられていくなんて、チョッと皮肉っぽいですね。

ハチとアリとシロアリ

チョッと寄り道します。大勢の奉仕隊員に支えられた社会組織をつくってる昆虫は、**社会性昆虫**ってよばれます。チョウチョもセミもクワガタも、これとはちがいますね。大社会を組織するのは、シロアリの仲間（シロアリ目《もく》）のすべてと、ハチの仲間（ハチ目）の一部だけです。こう聞いて、「黒いアリもシロアリの仲間なんだな」って思うのは早合点で、アリはみんなスズメバチの仲間（ハチ目スズメバチ上科《じょうか》）です。意外でしょうけど、ミツバチ（ハチ目ハナバチ上科）よりも、アリのほうがスズメバチに近縁なんですよ。それから、ハチ（だからアリも）の社会は女王しかいなくて、奉仕隊の全員がメスという、「アマゾネス」の世界でした。ところがシロアリ社会には「王と女王」がいて、その子どもたち（オスもメスもいます）が成熟しないで一生を奉仕に捧げるんです。もちろんハチ（やアリ）のあいだでも、社会の仕組みは少しずつちがってます。

派閥の試練

さて、自然選択を受ける（篩にかけられる、選抜試験を受ける）モノは個体じゃなくて遺伝子だ、と考えるドーキンスたちの派閥にとって、奉仕の遺伝子が生き残ってることは、「皮肉」じゃすませられない大問題でした。なんかの偶然で、ある種の昆虫に奉仕の遺伝子ができて、その結果として一度は社会組織が発達したとしても、その組織の多数派は奉仕隊員なんだから、多数派に不都合なら、そんな遺伝子は自然選択の試験に落第してもよかったはずです。でも実際には合格して、ミツバチ型やスズメバチ型、シロアリ型に進化してきたんですね。奉仕の遺伝子の生き残りが偶然じゃない以上、なんとかしてそれを説明しなきゃなりません。

❑近親者を助けよう

血縁の近さ　幸いなことに、この派閥の先輩の一人（W・D・ハミルトン）が、「生き物は血縁の近さに応じて助け合い行動ができる」っていう仮説を出していました。ドーキンスたちはこの仮説を、血縁の近い個体を大勢助ければ、「ソイツらの生き残りで、自分の消滅を帳消しにできるからだ」っていうふうに解釈しました。「血縁」って、お互いが共通にもってる遺伝子の割合で表されます。直感でもわかると思うけど、共有してる遺伝子が多いモノどうしは血縁が近いんです。ヒトの場合で、血縁の近さ（**近縁度**）を計算してみましょう。親子の場合、父親がつくるどの精子のなかにも、彼が自分の両親（祖父母）からもらった**二セット**分のゲノムを、ほぼ半々に混ぜたそれぞれユニークな**一セット**のゲノムが入っています（★ 遺伝的組換え）。別な言い方をすると、彼（父親）のもってる四十六本の染色体にあるどの遺伝子も、彼がつくる精子の半分にしか分配されない、ってことですね（二セット分のうちの一セットなので）。だからそういう精子のどれかを使って生まれた子どもは、男の子だろうと女の子だろうと、彼（父親）と共有してる遺伝子は半分だけです（近縁度がきっかり二分の一）。なぜなら、母親から受け継ぐ残りの半分は、父親の遺伝子と無関係だからです。この母親が父親のいとこだったりしたら（近親結婚だったら）、「無関係」とは言えなくなって、共有の割合は半分以上になりますね。でも、近親結婚なんかをもち出すと話が複雑になるから、もうここから後の話ではそういう複雑な場合のことは無視しますよ。

近縁度で親族を比べると　いまの話の精子を卵子と言い換えて、父親（彼）を母親（彼女）に変えれば、母親との血縁関係にも当てはまります。だから子どもと母親との近縁度も二分の一です。きょうだいの場合、もし二人が一卵性双生児（★一卵性双生児）だったとしたら、同じ精子と卵子から育ったクローンどうしなので、近縁度は自分と等しい一ですね。でも二卵性双生児を含めたフツーのきょうだいだと、一じゃありません。それぞれの精子には父親の遺伝子が、量的にはきっかり二分の一ずつ入ってるけど、その中身は祖父母から伝わった遺伝子がなりゆき任せで**ほぼ半々**になってるんでした。だから、きょうだいが共有してる父親分の遺伝子は、「ほぼ二分の一」です。一セットのゲノム（きっかり二分の一）のなかのほぼ半分を共有するんだから、ゲノム全体のほぼ四分の一になります。母親からの分でも、お互いに共通するのはほぼ四分の一だから、両方を足して結局ほぼ二分の一です。きょうだいの近縁度が「ほぼ」二分の一だから、まれには一に近くなるかもしれません。僕が『人間という生き物』を書いてたころ、マナカナの三倉茉奈さんと佳奈さんはそういう例なんだろうと思ってました（★二卵性双生児）。お二人の胎盤は別々だったので、当時は「二卵性」と信じられていたからです。でも胎盤の数による判定は不確かでした。あとでDNAを比べたら（★一塩基多型を使う遺伝子鑑定）、間違いなく「一卵性」だってことがわかったそうです。さて、あなたと親族との近縁度を言っておきましょう。オジサンやオバサン、おじいさん、おばあさん、孫たちとは四分の一で、いとこたちとは八分の一、マタイトコ（はとこ）となら十六分の一です。

ハチの繁殖方法　「自然選択という選抜試験の受験者は、種でも群でも個体でもなくて、遺伝子なんだ」という新派閥のマニフェストを発表するとき、ドーキンスたちが困ったのは、自分の遺伝子には受験の機会さえ与えずにセッセと女王さまに尽くす、ハチやアリの奉仕の遺伝子が自然選択に耐えてきたことでしたね。そこで彼らは、「自然選択の試験では、自分の身体（生存機械）よりも自分の遺伝子の生き残りを優先するような個体（の遺伝子）が合格しやすい」って言い出したんです。女中バチの行動が「自分の遺伝子の生き残りを優先させてる」って理屈は、ハチの繁殖の仕組みに関係しています。交尾した女王バチは受け取った精子を貯めておくので、卵を受精させてから産むか受精させずに産むか、の選択ができます。受精卵（二倍体、ゲノムが二セット）はメスになって、その大多数は交尾をしない女中バチになります。未受精卵（ゲノムは一セットだけ）はオスになるけど、その身分は精子の生産配達員にすぎません。とにかくオスがつくるすべての精子には（遺伝的組換えを起こしようがないから）、彼の遺伝子がそのまんまナンも変わらずに入っていきます。

ヒトとハチのちがい　ハチの娘たちは、全員が父バチから同じ一セットをもらって、母バチからは、ヒトの場合とおなじように、祖父母の遺伝子がほぼ半々に混じった一セットを受け継ぎます。姉妹どうしでは父親からきた（自分のゲノムの）二分の一が完璧に共通で、母親からきた二分の一のほぼ半分（約四分の一）も共有してるんだから、姉妹の近縁度はほぼ**四分の三**になります。ヒトの場合、姉妹の近縁度はほぼ**二分の一**でしたね。ハチの娘としては、女中になってでも女王（姉か妹）の子どもをたくさん育てるほうが、近縁度二分の一の自分の子どもを産むよりも、自分のと同じ遺伝子を残す可能性が一・五倍ほど高くになる計算です。ハチの奉仕の遺伝子が自然淘汰に耐えるコトは、これで説明できました。でも、オスとメスが対等なシロアリ社会には別な説明が必要です。

❏反ドーキンス派

遺伝子嫌い　ドーキンス一派の粗探《あら》しばかりしてちゃ不公平です。ほかの派閥の話もしときましょう。新ダーウィン党のなかには、遺伝子が嫌いでドーキンスたちを目の敵にする、古参の派閥もあります。「博物館派」のスティーヴン・グールド（平成十四年にご他界）とかナイルズ・エルドリッジなんかは、「進化を化石で証明できないような仮説は、どれも戯言《たわごと》だ」って切り捨てちゃうんです。「生物は丸ごと一匹で考えなきゃ何もわからない」という立場ですから、「時間とともに一定の割合で起こる遺伝子の変化に注目すれば、種《しゅ》が分岐した時期を推定できる（★遺伝と伝言ゲーム）」なんてことは端《はな》から信用しません。そもそも誰かが進化の話に遺伝子をもち出したら、即その人を論敵と決めつけて攻撃しはじめますから、彼らのドーキンス批判の本は、読んでても楽しくありませんよ。自然科学ではまず仮説を出すことが大切で、それが「観察や実験で否定されなかった」という実績を積めば積むほど信頼されてくんでしたよね（☆科学とニセ科学）。

『ヒトはなぜするのか』　これはエルドリッジが書いた本（講談社インターナショナル）の題名（"Why we do it"）で、「する」って、性行為のことです。このお上品なタイトルの本で、彼はドーキ

ンスに咬みつきました。ここまでに紹介してきた『利己的な遺伝子』の主張をまとめますと、

一、遺伝子には、（ほかの遺伝子を押しのけてでも）自分自身を増やそうとする性質がある。

二、生き物（の個体）とは、遺伝子が自分のコピーを最大に増やせるようにつくり上げた道具だ。だから生き物の個体は、それをつくった遺伝子の利益に適《かな》う**利己的**な行動をする。

三、まれに見られる、別の個体の利益になりそうな**利他的**な行動には、自分の遺伝子を増やそうとする意図が隠されている。身内びいきも、子育てもその現れだ。子どもの近縁度は自分の半分だから、三個体以上の子供を育てれば、自分が死んでも差し引きプラス〇・五以上になる。

この三点でしょう。読者にはこれが、「生き物とは（だから自分も）、遺伝子に操縦されてる、その場限り（一世代限り）の乗り物なんだ」って聞こえるワケです。この不快感につけ込んで、エルドリッジは次のように書くんです。オシドリが不倫を働く（★オシドリ夫婦）のは、オシドリの遺伝子の企《たくら》みと考えても結構だ。だけど人間はそうじゃないぞ。発情期なんかなくて、「いつでも愛し合える」俺たちは、不倫するときに子どもをつくろうなんて思ってもいない。だから避妊する。こんな調子です。しかし「動物」と比べたときの「人間」の行動の特徴は、「選んで実行できる」ってことでしたよね。大脳の発達ぐあいを意識的に無視して、行動のちがいをすべて遺伝的なプログラムのせいにするのは、暴論です（★「生得的」と「学習的」ということ）。

親戚と他人　「遠くの親戚より近くの他人（遠水近火）」って言葉があります。逆に「血は水よりも濃い（Blood is thicker than water）」ともいいます。ただし、「だが金は血よりも濃い（, but money is thicker than blood.）」と続くんです。人間の行動の動機はさまざまです。

贔屓《ひいき》の引き倒し　反ドーキンス派の連中が、「遺伝子決定論者によれば人間のオスは遺伝子をばらまくために浮気をするそうだ」なんて騒ぐのは、一般の読者に「だからドーキンスの『利己的遺伝子』はフィクションだ」って思わせる魂胆からです。誠実な態度だとは思わないけど、「遺伝子嫌いさん」のすることとして理解はできます。困るのは、ヨン様の『冬のソナタ』だか『春のコナタ』だかに入れ込むオバサマたち顔負けに、ドー様の『利己的な遺伝子』にメロメロな方々のなさる悪乗りです。「電信柱が高いのも、郵便ポストが赤いのも」、何でもかでも利己的な遺伝子のせいにしちゃうんですから、これは知的な「環境汚染」で、ドーキンスたちの真意を歪める、贔屓の引き倒しです。もちろん人間のすることだって、その根底には「遺伝的なプログラム」があるんだけど、実行されるのは「学んで、憶えて、選ばれた」末《すえ》の結果なんでした（★ 選択と欲望）。とりわけ人間の行動を考えるときには、安易に「遺伝子」や「進化」のせいにしちゃいけません。この手の「だから、どうしようもないんだ」なんていう議論は不毛です。その先にはニヒリズム（虚無思想）しかありません。『利己的な遺伝子』は、主に遺伝的なプログラムに従って生きている生き物が示す「利他的な行動」を説明するための、仮説です。こういう逆説的な行動が進化してきたコトを説明しようとする、まだ「否定されなかったという実績」に乏しい仮説、なんです。その仮説にひたすら寄りかかって、あれもこれもと遺伝子のせいにしちゃうのは、立派なニセ科学です（☆ ニセ科学の仮説）。

❏ドーキンスの手柄

第6話の「宿題」　六回目の話の終わりに、「宿題とまでは言わないけど考えといてください」ってコトを二つ挙げましたね。憶えとられますか？
一、遺伝子は、勝手に増え続ける「利己的な」特徴をもった分子といえるだろうか？
二、個体の行動を研究している行動生物学者のドーキンスが、なぜ「個体（細胞）は遺伝子が生き残るための道具にすぎない」という、過激な主張をしたのだろうか？
この二つです。少しは考えてくださってるかな？

異端の分子　まず**第一の点**について。ドーキンスの「遺伝子」の定義は変幻自在でした（第6話の「『遺伝子』じゃないでしょ」）。DNAの断片だったり、遺伝子といってよさそうなモノだったり、「私は体を遺伝子のコロニー…と考えたい」とも言ってるので、遺伝子をゲノムみたいにも思ってるようです。小型ウイルスのなかにはDNAの断片といってもよさそうな小さなゲノムをもってるヤツがいますから、一応ここでは、彼の定義を受け入れましょう。小型ウイルスのゲノムからサンショウウオのゲノム（第6話の「ドーキンスと僕のちがい」）まで、それぞれを分子だと考えると、遺伝子って、型破りな分子です。水（H_2O）やブドウ糖（$C_6H_{12}O_6$）みたいなフツーの分子は、一個一個に「自分らしさ」なんかないし、一個や二個が増えても減っても大勢に影響を与えません。十のン乗個の分子がまとまった、（マスとしての）振る舞いが問題になるんでしたね（☆「平衡」が大切）。ところがゲノム（遺伝子）だけは、一個のあるなしや、一個の特徴が大問題になるんです。このコトを最初に指摘したのは物理学のほうで超有名なシュレーディンガーって人なんだけど（昭和十九年の『生命とは何か』岩波書店）、「利己的な」という形容詞でこのコトを生物学者に思い出させたことは、ドーキンスの手柄でしょう。水の分子が水素結合のネットワークで「水」に不思議な性質を与えるのと同じような意味で、DNAを「増えたがる分子」とは言えません（第7話の「DNAは増えたがる分子か」）。だけどその莫大な数の塩基が変異を起こし、それが自然選択を受けた結果、細胞や体（細胞の集合体）に、「自分の都合を優先させるみたいな（だから利己的な）振る舞いをさせるように見える」って言い方なら、してもいいんだと思います。

見方を変えてみよう！　**第二の点**は、「生き物に対する見方を変えてみよう！」ってコトを、みんなの印象に残るように提案する方便でしょう。みんなって、まぁ生物の研究をしてる学者たちのことです。博物館派だけじゃなくて、「自分は生物学者《バイオロジスト》だ、発生学者《エンブリオロジスト》だ」と称して、何十年か前に身につけたモノの見方しかできない人たちって、意外と多いんです。もちろん人間にはみんな多少はそういう傾向はあります。地球にいる人たちは「大地は動かないで太陽や星が地球のまわりを回っている」って信じやすいから、コペルニクスやガリレオたちが苦労したワケでしょう。バイオロジストのなかには、ご自分がヒトという生き物の一個体だからか、「個体の単位以外から生き物を考えるコトなんて想像もできない」って先生がいらっしゃるんです。地球と太陽の関係なら、むしろ地球から離れて見たほうがわかりやすいように、生き物のことも、個体から離れて見たほうが理解しやすいコトもあるんだぞって、ドーキンスは言いたいんですよ。天動説派のバイオロジストに「発想（視点）の転換」を迫ってるんだって思えば、『利己的な遺伝子』の挑発的な言い回しにも納得がいきますね。

第10話 生き物と利己主義

ドーキンスがなんと言おうと、生き物とは「生き残ろうとするモノ」のことですよ。遺伝子のない生き物なんて考えられないし、生き物（細胞）に入っていない遺伝子はただの化学物質です。「利己的なモノは生き物か遺伝子か」なんて、「ニワトリかタマゴか」みたいなモンで、僕にはどっちでもいいコトです。「どっちか選べ」って迫られたら、生き物を選ぶでしょうけど。大切なのは「自分本位であるコト」自体だと思うから、今日は僕らにかかわりのある「利己主義」について話します。

❏自分本位であるコト

利己主義の定義　僕がいま使った「自分本位であるコト」と「利己主義」とは、同じことのツモリです。「利己主義」なんていうと「エゴイズム」が出てきて、その「エゴ」とは「自我」のことだなんて、哲学の先生たちの畑に迷い込んじゃいそうです。そうなるといろいろ絡まれて抜け出すのに一苦労です。ドーキンスだって「エゴ」はちゃんと避けてます。だから僕が今日、「利己主義」とか

「利己的」とかって言ったら、それは、「見かけはどうであれ、他人《ひと》の都合なんか考えずに、自分さえよければいいっていう自分本位の考えや行動」のことだと思ってください。

自分本位　生き物の行動って、基本的には「自分本位」ですよね。生きてなきゃ死んでるワケで、死んじゃったらもう「生き物」じゃないんだから、とにかく自分自身を生き延びさせようとする、自分本位（身勝手さ）こそが生き物の基本です。ヒトだって生き物なんだから、自分本位な行動をするのは当然なんです。ただし、その当然な身勝手さにはいろんなレベルがあって（★文明も戦争も）、それが露骨に度を越してくると、不愉快になったり非難したくなったりしますよね。誰もがしてしまう身勝手さを「許せる度合い」に収めておくために、人間の集団ごとに「掟」とか「規則」とかができてるんです。それでも身勝手さの暴走は抑えきれなくて、どんな集団にも悶着《もんちゃく》は絶えません。集団どうしの損得には面子《めんつ》もからんでくるから、モンチャクじゃすまなくてドンパチはもちろんピカドン（原子爆弾）まで飛び出すんだけど、それは今日のテーマじゃありません。

掟の賞味期限　ここで「規則」とか「法令」なんていわずに「掟」って言ったのは、祖父母の世代に通用してた常識が、孫やひ孫の世代まで通用したような時代を、もうそうじゃなくなった現在と対比させたかったからです。無難なところで音楽を聴く道具を例にすれば、僕の場合は竹針をつけた手回しの蓄音機からはじまります。電気蓄音機はたちまちダイヤモンド針のLPプレーヤーに変わって、テープレコーダーが出るとラジカセからコンポになるんだけど、街に「ウォークマン」が現れるころには、コンポからはLPプレーヤーが消えていました。デジタルの時代になってからCDに続いたMDまでは僕も使ったけど、「ｉポッド」から後はもう知りません。こんな目まぐるしく変わる世の中じゃ、爺さんのころの掟や常識が通用しないのは当たり前で、法律よりも小回りの利く政令だって、「欲望」と道連れの人間がひき起こす自分本位な行動には対応できないんです。法令って必要になってからあれこれ議論してつくるんだから、成立するころには、抜け道だらけになってます。「病気腎移植」や「代理出産児の戸籍」とか、現実の後を法令があたふた追いかけてる例にはこと欠きません。今日は、こんな角度から「人間という生き物」の利己主義を考えていきましょう。

❏長生きしたい!

不老不死はムリ　権力の頂点を極めた人間がいだく利己主義（欲望）の典型は、人民の福祉なんかじゃありません。古来、自分自身の「不老不死」と決まってます。だけどそれは無理なんです。有性生殖（★遺伝的組換え）をする生き物の一員である限り、個体の死は避けられません。酸素を利用して（☆呼吸する意味）生きる限り、老化を止めることもできないんです。隙あらば電子を掠《かす》め取ろうとしている酸素は、「猛毒」でしたね（☆酸化ストレス）。ハンチンチン（★ハンチントン病）の遺伝子にCAGのくり返しが増えるのも、酸化されたDNAの修理に深く関係してることがわかりました。寿命を延ばす唯一確実な方法は、小食を貫くことみたいです。そうすればATPを少ししかつくれないから、吸い込む酸素の量が少しですんで、酸化ストレスを受ける可能性が減るからでしょう。この関係はいろんな動物で確かめられてて、「小食による寿命延長」を支配する遺伝子も見つかってます。そういえば不老不死の法を修めた「仙人」は、霞《かすみ》しか食べないって聞きますよね。僕は美食じゃなくてもいいから、好きなものを自由に食べたり飲んだりしたいです。

くありません。平成十八年にスーパーモデルのアナ・レストンが拒食症になって、二十一歳で死んじゃいました。死んだとき、身長が一メートル七十二センチで体重は三十九キログラムだったそうです。イタリアやスペインでは、すぐに「痩せすぎ（ＢＭＩが十八以下、☆体格指数）の人はファッション・ショーに出さない」って決めました。これには反対の声もありますけどね。実験動物じゃない人間にとって、「長生きできるような」小食は綱渡りの曲芸みたいに難しいんです。

小食は綱渡り

「スタイルのために」極端な小食をしてる人はいるけれど、それは健康によろし

ヒポクラテスの誓い

食べすぎても食べ足りなくても健康ではいられないとすると、大多数の人は病気になるワケです。病気になったら治りたいのが人情ですから、ついついお医者さんのお世話になってしまいます。医師という資格をもってる人は、それを取るまでのどこかの段階で、必ず「ヒポクラテスの誓い」というのを習ってきています。ヒポクラテスって人は古代ギリシアのお医者さんで、その「誓い」の、患者に対する態度の部分を紹介すると、次のようになってます。

一、自分の能力と判断を尽くして患者の利益になると思う養生法をとり、有害な方法はとらない。
二、頼まれても死に導くような薬を与えない。それを覚らせることもしない。
三、同様に婦人を流産に導く道具を与えない。

二番目の意味は、患者に「第三者を殺すような毒薬や殺し方のヒントを与えるな」じゃありませんよ。患者から、「とても苦しくて死んだほうがマシだから、自殺用の薬をください」って頼まれても、薬はもちろん死に方のヒントも与えるな、ってコトです。三番目で「たとえ、不義の子を宿してしまった婦人に対してでさえ、妊娠中絶につながるような道具を与えちゃいけない」っていってることと合

わせて考えれば、この誓いは「自分がかかわってる者の命は、とにかく救え」ということになりますよ。病気になってしまったけど長生きしたい患者と、「ヒポクラテスの誓い」を学んで患者の延命を至上とするドクターとが出会うワケです。両者の息はピッタリ合ってますね。その「延命作業」が、患者と医師だけでできればいいんだけど、第三者が必要になるとややこしくなります。

❏臓器移植の問題点

第三者の役目　「第三者」って、**移植臓器の提供者**のコトです。それほど「長寿願望」の強い人じゃなくても、体のほかの部分と比べて「衰え」とか「傷み」の激しい臓器が見つかったら、ソイツだけ取り替えられたらいいな、って思うでしょう。老化して衰えたり、感染症や不摂生で傷んだ臓器を「取り替える」っていっても、ホルモン焼きの材料じゃないんだから、屠殺場で売ってもらうわけにはいきません。確かにブタの臓器はヒトの臓器に近いそうで、ヒトの臓器移植の材料としてブタ臓器を使うための研究は盛んです。でもとてもまだ安全に使える段階じゃないから、移植となったら、ヒト（だから他人、第三者）の臓器に頼るしかないんです。

輸血も臓器移植　平成十一年の暮れ成立した「臓器の移植に関する法律」って、ずいぶん騒がれましたね。あれは「脳死してる人（脳しかダメになってない人）」の臓器を、「死体」の臓器と同じ扱いにしちゃったから大騒ぎになったんです。「心臓も止まってる人」の臓器を使った移植はそれまでにもあったんですよ。もっと大々的にやってる臓器移植が、「輸血」です。**血液**は液体だから臓器じゃない、なんて思わないでくださいね。見た目には液体かもしれないけど、あれには赤血球や白血球といった細胞がいっぱい含まれてます（☆ 赤血球）。心臓は血液を送り出す臓器で、血管が血液を通す臓器なら、その血液は体を養い守る臓器です。細胞どうしがくっつき合って形のある塊をつくらないから、「五臓六腑《ごぞうろっぷ》」っていわれるような臓器と思われないだけです。漢方でいう五臓とは、心臓、肝臓、脾《ひ》臓、肺臓、腎《じん》臓の五つ、六腑は、大腸、小腸、胆嚢、胃、三焦《さんしょう》、膀胱、の六つです。血液が臓器と思われにくいもう一つの理由は、少し血液を抜かれてもダメージを受けた感じがないからでしょう。でも、少し除いて元どおりになるのは血液だけの特徴じゃありません。胃や肝臓を少し切り取っても元に戻ります。ちがうのは大袈裟な「手術」がいるかどうかくらいです。

売血のあった時代

今でこそ輸血（移植）用の血液はすべて「献血」によってまかなわれてますが、昭和四十四年までは、「売血」が使われてました。カツ丼一杯が百円チョッとだったころ、血液銀行では四百ミリリットルの血液が千六百五十円で買い取られてました。当時「黄色い血」ってよばれてたヤツです。日雇い重労働の日給と同じくらいの値段なので、赤血球が少なくなって血の色が黄色になるくらい頻繁に血液銀行に通う人が大勢いたんです。その中にはウイルス性の肝炎に罹《かか》ってる人も多くて、肝炎からくる黄疸《おうだん》のせいで黄色く見える場合もありました。ウイルスが混じってる危険な黄色です。東京オリンピックの年にライシャワー駐日アメリカ大使が刺されて、その手術にも「黄色い血」が使われたから、大使は肝炎になっちゃいました。この事件に刺激された東邦大学の医学生たちの運動もあって、その五年後から輸血には献血を使うようになったんだけど、血液製剤の原料も含めた血液まで考えると、なんと平成十四年までは有料の血液があったんです。

黄色い血と黒い組織

黄色く見えるような血まで「銀行」が買ってたなんて、異常な話ですね。

不健康な血と知ってても買わないと需要を満たせないほど、血液が必要だったんです。今みたいに高度な手術技法が、まだ開発されてなかったからしかたありません。それに、自分が倒れそうになってでも血を売らないと生活できないほど、貧しい人たちがいたことも事実です。だけど、問題はそれだけじゃありません。脅かしてでも騙してでも、血を売る人をムリヤリにかき集めて銀行に連れていく、「黒い組織」があったことです。売血者を集めることを資金源にするような組織です。残念ながら、こういう組織って、いつでもどこにもあるんです。

臓器売買の公認

いま臓器移植といえば腎臓移植といっていいほど、腎臓の移植を希望している人が多いんです。平成十九年十一月末の日本臓器移植ネットワークに登録されてる数でいうと、心臓、肺、肝臓、膵臓がどれも百人から二百人のあいだなのに対して、腎臓の希望者は一万二千人近くに上ります。その一方で、日本では臓器の提供に同意する人が少ないんです。死体からの提供にも親族が反対します。「死んだ先祖も命日やお盆の日には魂として家に帰ってくるから、そのときに入る身体が完全でないと失礼だ」って、考える習慣があるからでしょう。そんなとき、仏教のお坊さんに頼んでお経を上げてもらうんだけど、あれは変ですよ。人が死んで魂が肉体から離れるのは儒教の考えで、仏教なら輪廻転生《りんねてんしょう》だから、魂が生前の身体に帰ってくるなんてありえない話です。インドで生まれた仏教が儒教の盛んな国々を通って日本に渡ってくるまでのどこかで、変節っていうか妥協をしたんでしょうね。ところで魂が肉体に宿るって考え、遺伝子が生存機械に乗ってるっていう発想に似てるのは不思議ですね。とにかく日本には腎臓移植を受けたい人がたくさんいて、腎臓を提供してもいいっていう人が少ないんです。その結果、「腎臓を金で買える」外国に渡って手術を受ける人が増えました。その外国の一つがフィリピンです。もちろんフィリピン政府は、これまで腎臓の売買なんか認めていませんでしたよ。だけど「黄色い血」が売買されてた昔の日本と同様に、売らなきゃ生活できない人とムリヤリに売らされる人、そして売買の仲介で儲ける人がいるから、闇の取引が横行してたんです。腎臓って二つありますから、一つ残しとけばなんとか生きていけるワケです。で、そういう売買を取り締まりきれなくなったフィリピン政府は、平成十九年に「外国人患者に対し、一定の条件を満たせば腎臓提供を認める新制度を導入する方針」を固めました。外国人って、日本人も入るんだけど、**移植を受ける人（レシピエント）**の大多数は中東の産油国のお金持ちです。「一定の条件」の中には**提供する人（ドナー）**の生活支援も入ってますけど、それでも悲しい話です。

❏心臓移植の周辺

脳死という思想　腎臓は二つあるけど心臓は一人一個です。だから死体から移植するしかありません。だけど死んでから時間がたつと、心臓自身にも血液が行かなくなるから、移植には使えなくなっちゃいます。そこで出てきたのが**脳死**って考えです。それまでの感覚では、「死ぬ」って、「心臓が止まる」ことでした。でもそれだと、移植に使える心臓が手に入らなくなるわけです。そこで、「人間が人間らしくしていられるのは脳がチャンと働いてるあいだだけだ。もう回復できないほど脳が傷んだヒトはもはや人間ではない」っていう理屈をつくりました。意識の回復は望めなくても呼吸を自力でやってる「植物人間の状態」と、心臓は動いていても自力で呼吸できない「脳死の状態」とのあいだに生と死の境界線を引いたんです（第3話の「赤血球と脳が特別な理由は?」）。移植に積極的なお医者さんの多くは、「脳死状態になったら一週間以内に心臓も止まるよ」とおっしゃってます。でも、大勢の脳死者を調べたD・A・シューモン先生によると、脳死と判定された一週間あとまで心臓が動いてた人が百七十五人いて、そのうちの三例では一年以上も動いてたんです。なかでも四歳で脳死判定を受けた子どもは、なんとその状態で背も伸びて、「二十歳」まで心臓が動き続けてたんですって。死んだ後ですぐ解剖したら、脳はまったくダメになってたから、脳死の判定そのものは正しかったんでしょうね。「脳死」って簡単じゃないですよ。

先陣を切った国は

さて、初めて心臓移植手術が成功したのは、昭和四十二年の末のことです。東京都知事に革新の美濃部亮吉さんが当選した年だから、ズイブンと古い話です。で、その手術に成功したって、どこの国の病院だと思います？　日本でもアメリカでもイギリスでもなくて、アフリカ大陸の南端にある南アフリカ共和国です。この地域は、今から三百五十年ほど前にオランダの植民地になった後、大英帝国に編入されました。その歴史を通じて続いていた先住のアフリカ人を徹底的に差別する習慣は、昭和二十三年から実施された**人種隔離政策（アパルトヘイト）**の施行で法制化されました。あまりにヒドイ差別なので、話す気にもなれません。関心のある人は自分でお調べください。とにかく最初の心臓移植手術を成し遂げたのは、ケープタウンの病院にいた、クリスチャン・バーナード博士です。この博士、牧師の息子だから名実ともにクリスチャンなんですけど、彼はこの手術を、管理部には内緒でやったんです。成功を発表した会見の記録には、「この移植にはヒトに一番近い形をしたものを使った」という発言が残されてます。この表現を聞けば、この国の「人種差別」や「人権意識」の程度がわかるでしょう。この一件を取り入れた小説（帚木蓬生《ははきぎほうせい》『アフリカの蹄』講談社）

から、この国で内科医をしてる黒人のセリフを引用してみます。「『何しろ世界最初の心臓移植は、この国のクリス・ナード博士だからな』サムエルが自嘲気味に言った。『第一例がアメリカやイギリスでなく、ここで行なわれた理由は、いつか、きみに言ったとおりだ。この国では動いてる心臓にはこと欠かなかった。人の死はありふれていたし、特に黒人の心臓は集めようと思えばいくらでも集められた。白人が黒人を合法的に殺せるのはハイウェーの上なんだ。交通事故という名目でね。当時から、救急病院には瀕死の黒人がウヨウヨしていたんだ。白人での症例が成功する前に、ナード博士のチームは黒人で予備手術を何度も繰り返していたはずだ。イヌやブタで実験するより手っ取り早いからね。・・・』」

患者の利己主義

さっきの「人に一番近い形をしたもの」が暗示していることは、ドナーが「脳死状態」でさえなかった（まだ生きていた）ということです。表向きには「交通事故で死んだ二十五歳の女性」とされてますけどね。レシピエントは五十五歳の白人実業家で、彼は手術の十九日後に肺炎で死んでます。五十五歳の実業家の心臓が悪くなったと聞くと、つい高級なワインと旨い肉（旨いという字に肉月をつけたら脂肪の「脂」です）を日々楽しんでる人を想像しちゃいます。そんな自業自得のツケを「交通事故」に遭わされる黒人にまわすとしたら、これは気色の悪い利己主義です。ところでこの手術、初めから不成功が約束されてたんです。

医者の利己主義

当時はレシピエントの体が移植されたドナーの組織をこばむ、「拒絶反応」の理解が十分じゃなかったからです。バーナードは、免疫学者から「血液型の不一致」を注意されても、「輸血じゃないんだから」と一笑に付したといわれています。ちなみに、日本で最初の心臓移植をして、「ドナーは生きていたし、レシピエントには移植の必要がなかった」と刑事告発された和田壽郎博士には、ミネソタ州立大学でバーナードと机を並べて勉強していた時期があります。和田の手術は、バーナードに遅れることわずかに九か月で、この移植にも免疫学の常識を無視しているという批判が出ています。医者の「功名心」という利己主義が、「殺意」を煽《あお》ったのかもしれません。

❏欲望の企《たくら》み

目で殺す

「京の五条の糸屋の娘、姉は十六妹十四、諸国の大名は弓矢で殺し、糸屋の娘は目で殺す」は、江戸時代に頼《らい》山陽が「起承転結《きしょうてんけつ》」を教えるために作った俗謡です。目で殺されるなら本望だけど、天然痘で死ぬのはご免です。実はその天然痘が、『アフリカの蹄』の重要な鍵なんです。「ナード博士の国」の白人極右組織が天然痘ウイルスを使って黒人を抹消しようとした陰謀、これが小説の土台です。「天然痘ウイルスは地球上から根絶された」と、世界保健機関が宣言したのは昭和五十五年のことで、それ以後の子どもたちは、天然痘ワクチンの接種（種痘）を受けなくてもよくなりました。あれを受けると痕《あと》が醜く残りますからね。だけど万々が一、ウイルスが舞い戻ってきたら、その子たちは確実に感染して、その四割くらいは死亡するんです。

天然痘で殺す

天然痘ワクチンを備蓄していた米国国立防疫センターの火災で、二億人分のワクチンがすべて消滅してしまったころ、「ナード博士の国」の黒人地区では、皮膚に発疹の出る妙な感染症で子どもたちが死にはじめた。帚木さんの『アフリカの蹄』は、こんなふうにはじまります。「ナード博士の国」では、極右主義者の衛生局長の指示で、白人の子どもだけは「根絶宣言」の後もワクチンの接種が続けられていました――ある一人を除いて。ところで、現実の「バーナード博士の国（南アフリカ共和国）」で、天然痘ウイルスを使った**他民族の大虐殺**（**ジェノサイド**）が企まれたという記録はありません。「ナード博士の国」の陰謀は、帚木さんの創作です。

事実は小説より　ところがあの国から見て、赤道と大西洋を越えた彼方にある場所では、その陰謀が実行されてたんです！　去年の後期の講義で、「肥満には、遺伝と環境のどっちの影響もあるよ」って話をしたの、憶えてますか。あそこで例に出したのは、「ピマ」って名乗るアメリカ先住民のことでした。そのついでに、後からやってきたヨーロッパ系の人たちが、先住の東北アジア系の人たち（インディアン）をどれほど熱心に殺していったか、松尾文夫さんが書かれた数字を出して説明したでしょう（☆「殺されそこねた」）。あの続きに天然痘を使った話が出ているんです。もう一度、松尾さんの本（『銃を持つ民主主義』小学館）の一節を読んでみます。小説より二百年以上も先を行ってる、凄《すさ》まじい「人間の利己主義」の実例ですから。「記録しておかねばならないのは、このフォートピット砦攻防戦で、現在のイラク戦争流にいえば、細菌兵器（**補足一**）をイギリス側が使ったという事実である。『フレンチ・アンド・インディアン戦争』に勝利したイギリス軍総司令官、ジェフリー・アマースト卿の指示と承認のもと、イギリス守備隊は、砦を包囲したデラウェア族に対し、砦の天然痘病棟の毛布二枚とハンカチ一枚を『プレゼント』として手渡す。天然痘はたちまちデラウェア族の間に広がり、『ブドウの房が落ちるように』ばたばたと死者が出て『筆舌につくしがたい光景』を出現させたという（注⑥）。アメリカの高校教科書（**補足二**）にもこの話は書いていない。一部の学者の間には、『意図的ではなかった』という説があるという。しかし、マサチューセッツ大学法学部教授、ピーター・デリコ氏がアメリカン・インディアン情報の専門ウェッブに発表した論文によると、アメリカ議会図書館がマイクロフィルム化した、当時のアマースト司令官と守備隊のスイス人傭兵大尉、シメオン・エクイアーとの自筆の交信記録などを調査した結果、アマースト司令官が『あらゆる手段を使って、このいまわしい人種を抹殺せよ』と、エクイアー大尉の天然痘作戦の提案を承認したことが明らかになった、という。このほかアマースト将軍は、『害虫のようなインディアンは人間として認める必要がない』、『森の住民のせん滅』――といったインディアン全否定の発言も残しているという。アマースト将軍は、その後北アメリカ総督、イギリス陸軍最高司令官へと出世を重ねる。マサチューセッツ州に同将軍の名前にちなんで命名された大学町が残っている。ちなみにインディアンに対して種痘が行なわれるのは、一八三二年になってからである。・・・」

注⑥：猿谷要編『アメリカの戦争＝独立から世界帝国へ＝』（講談社、一九八五年）収録の各論文。特に富田虎男「インディアン征服戦争」を参考にした。（松尾さんによる注の一部）

補足一：天然痘の病原体はウイルスだから、ウイルス兵器か（広義の）生物兵器というべき。当時のインディアンは種痘を受けていなかったから、すぐ感染して「ばたばたと死者が出」た。

補足二：インディアンへの「殺りくの記録をクールに、かつ克明に記録している」として、松尾さんが評価しているアメリカ史の教科書、『ジ・アメリカン・ネーション』のこと。

九月十一日の事件　話は飛ぶんだけど、平成十三年に起きた「9・11」って事件、あれにも深い企みがあるみたいですね。当初からあの事件に疑問をもってた田中宇《さかい》さんが、「あの『事件』を起こした人たちが誰かはわかってきたけど、その人たちのホントの狙いはいまだにわからない」って書いてます。「テロ戦争の意図と現実」って記事（http://tanakanews.com/070911terror.htm）です。いろんなことがわかるから、一読をおススメします。彼のホーム・ページ（http://tanakanews.com/）から入るのが簡単ですよ。生き物の利己主義をヒトの利己主義へ広げるだけで、ここまできちゃいました。９・１１の背景は、キリスト教圏とイスラム教圏との「文明の衝突」って説明より、世界の基軸通貨をめぐる米ドル一極派と多極派との「利己主義の衝突」だっていう見方のほうが、はるかに説得力がありますね。でも今日の話でその説明よりも大切なことは、生き物の利己主義という「理系」的と思われるテーマが、政治や経済という「文系」の典型みたいな話題につながるってことです。

第11話 人間の尊厳と科学の進歩

チョッと大袈裟な題になっちゃいました。「人間の尊厳とは何か」なんて、真正面から聞かれたら、オタオタしちゃいます。ここでは、「あなたの思ってる尊厳」だと考えてください。今日は、前に紹介したハックスリーの小説からはじめますよ（『すばらしい新世界』講談社、☆食べて太るのは人間の宿命。なお、ここで「F字架」とあるのは「T字架」の誤りです）。

❑ハックスリーの新世界

「すばらしい」の意味　原作の題名は「Brave New World」です。この「brave」の普通に使われる意味は「勇敢な」なんだけど、元々の意味は「野蛮な」です。決して「素敵な」じゃなくて、「よくもまぁここまで！」って驚きながら本心では軽蔑してる、そんな感じです。百パーセント同意してるわけじゃないけど、文庫本のカバーにある文章を写しておきます。「人工授精やフリーセックスによる家庭の否定、条件反射的教育で管理される階級社会 — かくてバラ色の陶酔に包まれ、とどまるところを知らぬ機械文明の発達が行きついた〝すばらしい世界〟！　人間が自らの尊厳を見失うその恐るべき逆ユートピアの姿を、諧謔《かいぎゃく》と皮肉の文体でリアルに描いた文明論的SF小説」（講談社文庫、第19刷。ルビは引用者）

フォード流　物語のはじまりは「フォード六百三十二年」です。この年数は、「T型フォード」が発表された年（明治四十一年）を元年とする「フォード紀元」で数えられてますから、今からみても五百年以上さらに先の話です（この本の出版は昭和七年）。まずは「T型フォード」を説明しときましょう。ガソリン・エンジンを載せた「自動車」はドイツで生まれたんですが（明治二十年）、その後の生産の中心はアメリカに移りました。ヘンリー・フォードがしたことは「ベルト・コンベア式の流れ作業による、大衆車の大量生産」です。それまでは一年間に数百台、当時の値段で二、三千ドルもする高級車を作るのが自動車メーカーの常識だったんです。「T型フォード」の生産台数はピークの年なら二百五万台、価格は二百二十ドルというから桁外れです。工員に相場の二倍の日給を出したって話も有名です。でもそうしなきゃ、単調な作業を一日中くり返さないといけない「流れ作業」の工員を確保できなかったんです。現在の工場では機械ロボットがやってる仕事をさせたんだから、人間ロボットになってもらう日給というわけです。チャーリー・チャップリンはその「非人間性」を、映画『モダン・タイムス』（昭和十一年）で風刺したんですね。

下層階級はクローンで　小説全体の雰囲気は「カバー文」から察してください。「生物」と関係がある最初の段階は、体外受精とクローン人間の作製でしょう。まずは「月給六か月分のボーナスと引き換えなら卵巣を提供してもいい」って自発的に名乗り出る女性（ドナー）を募集するんです。ここで、もう一方では現代の「ドナー・カード」、他方では「臓器売買」のことが頭に浮かびます。摘出された卵巣一個から一万数千個の卵子を成熟させて、顕微鏡の下で受精させるんです。小説の現場は「中央ロンドン人工孵化・条件反射育成所」なんだけど、世界最初の「体外受精」が成功したのもロンドンでした（昭和五十二年）。そこの人間は上から順に、アルファ、ベータ、ガンマ、デルタ、エプシロンの五階級に大別されてて、ガンマ以下の階級では一個の受精卵から平均で七十二体の「一卵性多生児」が生まれるように「処理」されるんです。

人工子宮　受精の後、細胞が数十個にまで育った胚（ごく初期の胎児）は、最初の小さいビンに入れられます。アルファ階級の胎児でさえ、育てられるのは雌ブタの新鮮な腹膜の薄片が入ったビンのなかなんです。それから「出ビン（出生）」までの二百六十七日間、ベルト・コンベアで移動しながら段階的に大きなビンに移し替えられて、血液代用液には、酸素や、発育に応じた動物の臓器エキスが補給されます。ガンマ以下の階級になる胚には、階級に応じて酸素の量を減らしたりアルコールを加えたりもするんです。ところで、「人工子宮」って日本でも研究されてますよ。超未熟な状態で生まれた早産児を救うことを目的にして、羊水を満たした合成容器に入れて、へその緒を生命維持装置につないで生育を助けるんですって。いま研究で使ってるのはヤギの胎児ですけどね。妊娠のごく初期に対応する、受精卵の着床を人工子宮で研究してる別のチームもあります。その当面の目的は体外受精の成功率を上げることだけど、この研究がもっと先へ進んでから超未熟児を育てる技術とドッキングすれば、人工子宮で子どもをつくることが可能になるかもしれません。向井亜紀の「代理母出産」のケースでは、「生まれた子の母親は出産した女性」っていうのが最高裁の判断でした（平成十九年)。これを機械的に適用したら、「母親は人工子宮」なんだけど、それは変ですよね。

❑不安を静める薬

気分改善薬　この新世界の人たちは、しょっちゅう「ソーマ」っていう薬を飲んでます。飲むだけで陶酔感に浸れるんですって。「過去や未来を考えると気持ちが悪くなる。ソーマ一グラム飲めば、ただ現在があるばかり」と唱えて飲むんです。二グラム飲んで五分もたつと、「根も果実も消滅して、ただ現在という花がバラ色に咲くばかりだった」とも書かれています。習慣性のことには直接触れてないけど「しょっちゅう」飲んでるんだから、覚せい剤の「リタリン」と変わりません。覚せい剤を使うって聞くと、特殊な人たちのことだって思うでしょう。でも『新しいうつ病論』(雲母書房)を書いた高岡健さんによると、M・サッチャーとR・レーガンがイギリスとアメリカで政権に就いていたころ(およそ昭和時代の最後の十年間)から、英国では「パキシル」、米国では「プロザック」という商品名の「ソーマ」が、エリートも含めた市民のあいだで多量に消費されるようになったそうです。この二つの薬、紙に描いた構造式ではちがうんだけど、立体的にはどっちも、神経の細胞から細胞へと信号を伝える大切な物質の一つ、**セロトニン**と似せてあるから、セロトニンを回収するタンパク質のポケットに入り込むんです。しかもいったん入っちゃうとなかなか出ていかないので、結局セロトニン回収タンパク質を働けなくしちゃうんです。この手の薬を「選択的セロトニン再吸収阻害剤」、英語で書いたときの頭文字を並べて「SSRI《エスエスアールアイ》」とよびます。

セロトニンとうつ病　いくつかタイプのある神経ネットワークのなかで、セロトニンは不安を抑えてヒトを活発な状態にするような系統で働いてます。そういう信号が出っ放しじゃ騒がしくなりすぎるから、そういう信号を出した細胞は、あとでその信号物質を回収します。それが「セロトニン回収タンパク質」の仕事です。うつ病の人はセロトニンの分泌が少ないんです。信号として出されても量が少ないから、次の神経細胞に情報が十分伝わらなくて、この系統のネットワークがうまく働きません。それでも出したほうの細胞は、責任があるからこの信号を回収します。プロザックやパキシルはそこを邪魔するんです。回収が進まないから、次（受信側）の細胞は時間をかけて少ないセロトニンを拾い集めることができて、「あ、自分が働く番がきた」って理解するワケです。それでこのネットワークが働きだしたら、その人は不安が消えて、バラ色の花に囲まれたような快活な気分に（少しは）近づけるんです。「うつ状態の改善」って、そういうことでしょう。

自己責任の不安　高岡さんの本は出版が平成十五年なので、小泉内閣（レーガン政権発足からちょうど二十年後にあたる、平成十三年からの六年間）が行なった「改革」の結果には触れてません。「年間の自殺者三万人以上」の状態が十年連続になるのは四年後のことです。その代わり、「このように、現在の日本は、一九八〇年代のイギリスやアメリカと同じ状況にあります。すなわち、**新自由主義の登場、新しいうつ病概念の輸入、新しい坑うつ剤市場の開拓**に象徴される状況です」と述べておられます（強調は原著者）。**新自由主義**を簡単にいえば「規制の緩和」です。規制が邪魔だった強者にとっては待ちに待った「緩和」だけど、それに護られてた弱者には厳しく辛《つら》い「保護の撤廃」です。自分を護るのは自分だけ、「生きるも死ぬも自分の責任」ってワケです。強い側の人でも「すべては自分の責任」って状況は重圧ですよ。セロトニンも出にくくなります。**新しいうつ病概念**のほうは、これまでは精神の病気って感じの「躁うつ病」や「うつ病」ってよばれてた状態を「気分障害」と言い換えるようにしたんです。同じ症状をただ言い換えただけなのに、その印象は「病気」じゃなくて「気分のあり方」に変わっちゃいました。気分をどうするかも自己責任で、そこへ**新しい抗うつ剤**が戦略的に売り出されてきたら、「ソーマ」効果にすがりたくなるのが人情ですね。

❏ヒトの能力拡張

筋肉増強剤　「ドーピング」って、僕らが聞くのは運動選手が筋肉増強剤みたいな「禁止薬物」を飲む（飲まされる）ことですね。「競馬」とか「イヌ競走」の賭けが盛んな国では、むかしからウマやイヌに興奮剤のたぐいを与えて、ズルク勝とうとしてました。だから「ヒト」の選手にも投薬するって発想が出てきたんでしょう。筋肉増強剤の場合はハッキリと「ズルだ！」って言えますけど、脂身の少ない上等なお肉をたくさん食べる（食べさす）のはどうでしょうか。お金さえ出せば誰にでもできるから、今の常識では「ズルじゃない」です。でもそれは、「お金もち」の人や国がつくった常識です。「お金もたず」の選手には高嶺の花の「常識」でしょうね。

赤血球増産薬　運動するにはエネルギー（ＡＴＰ）が必要で、それをガンガンつくるには酸素がいるんでした（☆ＡＴＰのつくられ方）。その酸素は赤血球のなかのヘモグロビンで運ばれます（☆赤血球とヘモグロビン）。だから、赤血球を増やせば強くなれる理屈です。ローマと東京の二回のオリンピック大会（昭和三十五年と三十九年）のマラソンで、どちらも世界新記録で優勝したアベベ・ビキラって人がいます。もちろん男性ですよ。だって女子マラソンがオリンピックの正式種目になったのは、ロサンゼルス大会（昭和五十九年）からですもの。彼はエチオピア人で、皇帝の警護をしてたから、毎日が「高地トレーニング」だったんです。首都アジスアベバは標高およそ二千四百メートルの高地です。高地では空気（酸素）が薄いから、体は赤血球を増やそうとします。その引き金になるのが**エリスロポエチン**という小型のタンパク質です。タンパク質だから遺伝子操作で安くつくれて（★組換えDNAの意味）、薬としても売られてます。そういう薬の使用が「違反」なのは当然です。だけど自分の血を保存しといて、それを競技の前に自分に戻すのも「違反」だというのは意外でした。その一方、低地で寝るときだけ「低酸素テント」に入って体を高地状態にしとくのは「今のところ違反じゃない」んです。ナントこのテント、元オリンピック選手がつくった会社で売ってるんですけどね。なんか、コソ泥には厳しく巨悪には甘いって感じで、どうも僕にはなじめません。

トビにタカを産ませる

近頃の美容整形は、まぶたを二重にしたり胸にシリコンを詰めたりするだけじゃないんですよ。頭や心のなかはダメだけど、頭のテッペンから足の先まで、外から見えるところなら大概は変えることができるようです。外科的な変身はその人一代限りのことだから、子どもには影響がありません。その子どもに、自分のコトは棚に上げて「ルックスのよさと聡明さ」を期待する親が少なくないようです。こんな小噺があります。モダン・ダンサーのイザドラ・ダンカンがバーナード・ショーに「私の身体とあなたの頭脳を受け継いだら、素晴らしい子どもになりますわ」と言ったら、彼は「私の体とあなたの頭が一緒になったらどうします？」と応えたっていうんです。ただし、ダンカンは決して「おバカさん」じゃありません。念のため。トビにタカを産ませてアメリカを「立派な国」にしようとした男もいます。『ジーニアス・ファクトリー』（デイヴィッド・プロッツ、早川書店）によると、優生思想に取りつかれたR・グラハムが「ノーベル賞受賞者精子バンク」を設立したそうです（昭和五十五年）。三人の「受賞者」がこれに協力したけど、その精子を受け取った子どもは生まれませんでした。受賞者ではないエリートを「父親」とする子どもはたくさんいます。知能指数（ＩＱ）の高い子が一人現れたけど、テレビのワイド・ショウを賑《にぎ》わしたくらいで、グラハムが期待したような人物にはならなかったそうです。

人間の想像力　体外受精でできた胚の遺伝子を「有利な遺伝子」で置き換えてから母体に戻して、「遺伝子増強人間」をつくるという悪夢については、去年お話ししましたね（★ジーンリッチ階級）。表向きは、あれから何も変わってないように見えます。でもヒトの遺伝子にかかわる知識は急激に増えてきてますよ。専門家のあいだじゃ、どの遺伝子をどう変えたらどんな効果が期待できるか、ズイブンわかってきてるはずです。わかったことなら何でも実地に試してみないと気がすまないのが、人間の本性のようです。そのことを、今からおよそ二百年前（杉田玄白が『蘭学事始《らんがくことはじめ》』を仕上げたころ）に、十九歳の女性が看破しておりました。

❏フランケンシュタイン

メアリ・シェリー　これがその人の名前です。ただし、小説『フランケンシュタイン』（東京創元社）を書きはじめたときのメアリの姓は、正式にはまだゴッドウィンです。なぜならその時期は、パーシー・シェリーとロンドンから駆け落ちして、あと三人の仲間とジュネーヴ郊外に長居をしていたころだからです。そこで雨にたたられて、退屈しのぎに「怖い話」をつくり合おうという提案に乗せられて書きだしたのが、この『フランケンシュタイン』です。

だれの名前か？　「フランケンシュタイン」って名前はご存じでしょうね。でもこの名前、「恐ろしい怪物」じゃなくて、才能ある生命科学者の名前です。生命科学とはいっても「切り取ったカエルの下半身に電気が流れると脚が動く」、なんてことが騒がれたころの話で、それが小説の舞台です。フランケンシュタインは「生命の根源」を知りたくて、自分で生命を作ろうとします。納骨堂や解剖室、屠殺場から集めてきた材料を使って、身長二メートル半の人間型の生き物を作るんです。大きめに設計したのは、自分の指先の作業をしやすくするためだったんですが、それが並みの人間より強い生き物を生みだす結果になっちゃいました。でき上がった「生き物」の容貌があまりに醜くかったので、彼はその「怪物」を嫌って逃げ出すんです。でもソイツの心は、まだ「白紙」の状態だったんですね。それなのに、「生命」をもったとたんに「作りの親」から見放され、放浪の途中で出会ったすべての人間から、その醜さのために憎まれ迫害され続けました。その結果、初めはむしろ好意を抱《いだ》いていた人間に対して、悪意と復讐心を膨らませていくんです。

生き物には伴侶が必要　復讐の行動によっても満たされない自分の惨めさを考え抜いたあげく、「怪物」は「作りの親」に自分と同じほど醜い伴侶を作ってくれと頼みます。同じほど醜ければ自分を憎まずさげすまず、人間どうしがしているように、自分と心を通わしてくれるはずだ、というのが「怪物」の理屈です。そしたら自分たちは南米の密林のなかに潜んで、二度と人間の社会に出てこない、と誓うんです。アルプスの山中でこの提案を受けたフランケンシュタインは、「二度と人間社会に現れない」こととの引き換えで「伴侶作り」に同意します。ところが「伴侶」の完成が近づいたとき、「人間社会に現れない」と誓ったのは「怪物」だけで、この「伴侶」もその「子孫たち」もその誓いとは無関係だってことが心配になります。そして密《ひそ》かに彼の仕事ぶりを窺《うかが》っている「怪物」の前で未完成の「伴侶」を壊してしまうんです。「作りの親」から二重に裏切られた「怪物」の気持ちは想像できますよね。有名になってるのは、ここから後の「怪物」の物語です。

メアリの洞察

「怪物」の抹殺を決意して北極海まで追跡してきたフランケンシュタインは、瀕死の状態で北極探検の船に救われます。コトの顚末《てんまつ》を船長に語るその言葉のなかに、「せめてわたしの実例を見て、学んでください。知識を得るのがいかに危険なことか、……」や「あいつが生きのびて悪の手先となることだけが気がかりです。……平穏のなかに幸せを求め、野心をお避けなさい。たとえ科学や発見で名をあげるという、一見罪のないものにすぎなくとも。だが、なぜわたしがこんなことを言うのか? わたし自身はそれを望んで身を滅ぼしたが、ほかの人はやりとげるかもしれないのだ」、こんな表現が出てきます。僕は森下弓子さんの翻訳しか読んでないので、二番目の引用の意味が十分にはわかりません。それでもこの作品全体を読めば、科学と科学者に対する鋭い洞察を感じとれます。「人間とはいったん知識をもってしまうと、たとえ動機は無邪気な功名心であったとしても、悪の手先となるようなモノを作り上げてしまう。自分は『伴侶』の作製を中断して身を滅ぼすけど、ほかの誰かはそれを完成させて、人類に取りかえしのつかない災禍をもたらすかもしれない」、と解釈してみました。悪意の「怪物」が増えたら、そうなるかもしれないでしょう。

「愚かだったからだ」　なぜこんな解釈をするかというと、原爆製造の指揮をとったR・オッペンハイマーの証言を思い出したからです。彼は戦後、旧ソ連に原爆製造の情報を漏らした共産主義者として告発されます。「異端審問のような」聴聞会（昭和二十九年）によび出されて、なぜ原爆開発の責任者を引き受けたのか訊ねられたときの答えが、「なぜなら、私が愚かだったからだ（Because I was an idiot.）」です（藤永茂『ロバート・オッペンハイマー ― 愚者としての科学者』）。「結果を目の前に突きつけられた後でなければ、人間は自分がしようとするコトの重大さを理解できない。自分もその一人だった」ってことでしょう。フランケンシュタインの後悔と重なってます。

❏進歩の選択的な抑制は

産業革命以後

今日の話の出発点は『すばらしい新世界』の予言でした。臓器売買や体外授精、体の状態や心の調子を変える薬の普及、人工子宮の研究など、現実の世界がその予言に近づいてるようだ、って言ったんですね。ノーベル賞受賞者の精子を提供する富豪の話から、年若い女性の感性が紡ぎだした「科学者の後悔」が、実在の科学者に共有される不思議へと進んだんです。取り上げた話題に共通しているコトをごく大雑把に言わせてもらうと、「プロテスタント（非カトリック系キリスト教宗派、その教徒）」の勤勉さなんです。ピルグリム・ファーザーズの子孫（フォード）も、カルビン派の拠点ジュネーブに生まれた科学者（フランケンシュタイン）も、プロテスタントの勤勉さを発揮してます。「勤勉さ」を宗教として受け入れると、極端にまで走ってしまうんですよ。適当なトコロでやめちゃうことは「不信心」に通じますから。医療（生物と化学）の分野の大展開は、「イラク戦争」と同じ根っこから生まれてるんです。プロテスタントの勤勉さから芽を吹いた、「資本主義」っていう、今さら引っこ抜くことのできない巨木の根っこです。

市場の原理

資本主義を象徴するのは、通貨や債券から金、石油、穀物などなどが売買される目には見えない「市場《しじょう》（マーケット）」でしょう。店先に商品が並ぶ「市場《いちば》」なら、「こっちのスイカのほうが甘いよ」「あら、ありがとう」って、顔見知りどうしのつき合いですね。だけど、売り手と買い手の顔が見えない非情の「市場《マーケット》」では**自己責任**が基本です。何をいつ売るか買うか、すべて自分が決めなきゃならなくて、それで儲かろうと損しようと一切が「自己責任」です。「小さな政府」を目指して、サッチャーやレーガンが取った規制緩和の政策は、「政府は民間のことに口を挟みません。役人を減らして減税もするから、自分のことは自分で始末してください」ってことでしょう。時期も内容もこれと重なるのが「中曽根民活（民間活力の活用）」で、それを復活させたのが「小泉改革」だって言えば、大筋で間違ってないと思いますよ。

インフォームド・コンセント

こんな話をしたワケは、医療の世界の「市場原理」に触れたかったからです。中曽根民活のころから、「インフォームド・コンセント」って言葉が流行《はや》りだしました。カタカナ語の意味はよくわかりません。『広辞苑』の第五版には、「医学的処置や治療に先立って、それを承諾し選択するのに必要な情報を医師から受ける権利。医療における人権尊重上重要な概念として各国に普及」って書いてあります。そりゃ、「すべてワシに任せとけ」で切ったり飲まされたりしたら堪《たま》りませんね。でも、最新の技術を選択するのに必要な情報なんて、いくら丁寧に説明されたって、素人が医師と同じレベルで理解できるはずないんです。「セカンド・オピニオン」だって同じでしょう。理解してないあなたが、もしあるコトを晴れやかに承諾したとしたら、結局のところ、承諾する方向へ誘導されてるんです。それから、後段の「人権尊重」のほうは、病状検査のためといって採られた血液が「ゲノム調査」に利用されるような場合のことです。どっちにしても、強者（医師や研究者）の側に「免罪符」を与えるような気がして不快です。

患者は消費者　こういう状況は、ヒポクラテスのような医師（第10話の「長生きしたい！」）から授かる恵みだった医療が、医療技術者から買うサービスに変わったってことです。家でも車でも買うときに、業者はどの物件、どの車種を買ったらいいか「選択するのに必要な情報」を熱心に説明してくれます。でも素人には、説明の「表の意味」しかわかりません。そんな状態で契約書にサインをしたら、あとは「自己責任」です。手に入れたマイ・ホームが弱い地盤に建ってることがわかっても、「アソコがそういう造成地だってことは申し上げました」でおしまいです。主治医のセンセイから「傷口は小さくて済むけど失敗例もあるって言ったでしょう」とか「副作用の説明はしてあるよ」って言われたら裁判も起こせません。これじゃ、「弱者（患者や消費者）の人権の尊重」だとは思えないんです。サインのある同意書さえあれば「もうナンでもできる。失敗しても責任とらなくてすむ」のだとしたら、「強者に免罪符を与えるようだ」って表現も、そう誇張じゃないでしょう。

中庸を大切に　僕らの国にはかなり昔から「勤勉」っていう道徳があったし、いまは現実に資本主義を受け入れてます。資本主義の土俵に上がっちゃったから、「欧米」からやってくる市場原理や自己責任、それから何でもトコトンまで推し進めるなんて考えに、簡単に染まっちゃうんでしょうね。それがこの土俵でのお作法なんだから、仕方ありません。でも僕ら（の大多数）がプロテスタントじゃないってことは、ワリと貴重な財産だと思います。なにもかもトコトンまでやらなくたっていいからです。そこまでしなくたって、自分で「自分は不信心だ」って責める必要ないんです。ふだん意識はしてなくても僕らの脳のヒダには、お盆に先祖の霊が還ってくるとか親不孝はしちゃいけないとか、儒教の考えのほうが色濃く染みついてますよ。いつだったか僕、「白か黒か決着を迫るよりは、灰色を受け入れたい」って言ったでしょう（★女も男も灰色、☆仮説の信頼性）。「トコトン」より「ホドホド」のほうが落ち着くんです。ただし、人間の探究心をホドホドにさせるのは無理でしょうね。特定の科学分野の進歩を選択的に止めるってことも、これまた科学の性質からいって、無理な相談です。科学的な探究って、知識の断片をつなぎ合わせて新しい知識を生み出す作業だから、ある部分だけ止めたとしてもそのまわりがわかってきたら、止めといたところも自動的にわかっちゃうからです。それに、一体だれが何を基準にして、「どの研究を止めたらいい」って言えるんですか？　誰にも、科学の進歩を選択的に止めることはできません。だけどその成果を使うときに、ホドホドで満足すればいいんだと思います。それならできます。インフォームド・コンセントも日本上陸から二十年ほどたった昨今、当初の自己責任ムードが和らいで、「概略こんなコトだけど、この状況ではこうしてはいかが？」って感じに落ち着いてきたみたいです。中庸が大切って、ビタミンAやコレステロールの場合だけじゃありませんね（第1話の「コレステロールの常識」）。

第12話 教養としての補習講義

この補講、あなた方の先輩から「文系の勉強で入ってくると、『基礎生物学』や『基礎化学』がとっつきにくい。そのハードルを下げるような話を」って言われて、はじめたんでした。そういう効果があったと思っていただけたんなら嬉しいですね。それに加えて、「余計なこと」(★ろ過された「現実」、☆空海と柳澤さん、など)までお話しできたのも楽しいことでした。最終日の今日は勉強することとソノモノについてお話しします。あなたの将来に役立てていただければ幸いです。

❏学問に王道なし

同じ穴の狢《むじな》

この補講で、じゃなくて、正規の講義のときに気になることが二つあります。「何々は憶えなきゃダメですか?」っていう質問と、「何々をもっと詳しく説明してください」っていう要望です。質問のほうを勘ぐれば、「期末試験は落としたくない。試験に出るなら丸暗記しなきゃなんない。試験に出ないなら無視しよう」っていう怠け心です。丸暗記って、受験で身につけた横着な勉強法で、試験が終わったらケロッと忘れちゃうんです。要望のほうは、「もっと深く知りたいから、もっと詳しく説明して」っていう向学心のように聞こえます。そういう場合もあるだろうけど、「教科書をキチンと読むのも、参考書やネットで調べるのも面倒だから、お手軽に先生に聞いとこう」って場合のほうが多そうですね。だとすると、この要望と「丸暗記で試験だけ乗り切ればいい」っていう下心の質問は、どちらも**横着心**っていう穴に棲む狢《むじな》ですよ。何かを身につくように理解しようとするんなら、自分で読んで、考えて、っていう地道な努力が必要です。何か調べるときの注意だけど、一つの情報に頼っちゃだめですよ。とくにインターネットの記事には、身元を隠した宣伝が紛《まぎ》れ込んでることが多いから、ちがう情報で確かめるまで、決して鵜呑みにしないでくださいね。

王道の東西　「学問に王道なし」って言葉、聞いたことがあるでしょう。その「王道」の意味が、東洋と西洋では、まるでちがいますね。東洋（中国）の王道は、「覇道」と正反対な理想の姿です。覇者《はしゃ》に対する王者《おうしゃ》の道です。覇者とは武力や陰謀で権力を握った人のことで、王者は仁徳によって国を治めてる人のことです。運動競技で優勝した人を覇者ってよぶのは、「力で相手をねじ伏せた」って感じがあるからでしょう。西洋で出てくる「王道」はロイヤル・ロードで、王さまだけが歩ける権力の象徴です。そういう権力を振りかざす王さまは、王者じゃなくて覇者ですね。「学問に王道なし」の意味は、「学問には、楽に身につく特権的な方法《ロイヤル・ロード》がないよ」ってことです。王さまでも誰でも、勉強する以上は地道に努力する覚悟が必要だっていう教訓です。

丸暗記で合格したら　理屈と関係しないコトを憶えるなら丸暗記も有効です。「スイキンチカモクドッテンカイメイ」がいい例でしょう。冥王星が一番外側だったのは幸いでした。呪文の変更が少なくてすみましたから。僕は中学校で英語の時間に、「sometimes（ときどき）の綴《つづ》りを、ソメティメスなんて憶えるな。someとtimesがくっついたと思えば綴りも意味も楽にわかる」って教えられましたよ。憶えるのは目的じゃなくて、その知識を使いこなす手段です。憶えとけば一々教科書や辞書で調べる手間が省けます。試験前の丸暗記って「使うこと」も眼中にない、理解の拒否でしょう（★暗記は有害、☆五界説の破綻）。丸暗記したことなんか、試験が終わればゴミ箱に直行です。お役人のなかでエラクなれる「キャリア組」ってご存じですね。記憶力がよくないと合格できない「国家公務員採用試験」の上級甲種やI種にウカッタ人たちのことです。そのなかには丸暗記で合格した人が混じってるみたいです。だって、合格しちゃうと「国家公務員」が国民のために働く公僕《こうぼく》だっていう基本中の基本も忘れて、自分が高い退職金を何度ももらえるような「天下りシステム」にしがみついて、その下準備の「官製談合」を仕切ったりしてるんですから（第1話の「情報の受け取り方」）。

❏世間に文・理の別なし

弊衣破帽《へいいはぼう》の時代

小学校や中学校では国語とか理科とかの区別はあるけど、文系と理系には分かれてません。社会人になってからでも事務系と技術系の区別ならあるけど、やっぱり文系と理系には分けませんね。文系と理系の区別があるのは、高校の二年生くらいから、専門学校や大学の志望分野へ進学するまでの特殊な時期だけです。進学しちゃったら、高校で文系だったか理系だったかなんて、問題にもされません。この「特殊な時期」って、旧制高等学校があった時代の名残っていうか遺物なんです。明治時代に（帝国）大学ができたとき、そこで西欧の知識を教えた教授たちは、大臣よりも俸給の高い、お雇《やと》い外国人でした。彼らは自分の国の言葉で講義をするんです。西欧の知識を西欧の言葉で理解するには、それなりの準備が必要ですね。そのための制度が土台の一つになって、旧制の高等学校に変わっていったんです。旧制高校では、分野のちがいで文科と理科に分け、言葉のちがいで甲類（英語）、乙類（ドイツ語）、丙類（フランス語）に分けました。主に文系の内容を英語で勉強するクラスは「文甲」、文系でフランス語なら「文丙」、主に理系の勉強をしながらドイツ語を習えば「理乙」、って具合です。大学の学生定員と高等学校の生徒定員とは同じだったから、高等学校に入ってしまえば大学のどこかには進学できたんです。どこでもよければ成績も気にならないから、お酒を飲んで高歌放吟、弊衣破帽の「旧制高校生」を演じる余裕が生まれたんでしょう。この文科と理科の区分けが、新制の高校から大学への入学試験に引き継がれちゃったんですよ。

デカンショ節　「デカンショー、デカンショーで半年暮らす、アーヨイヨイ。あとの半年、寝て暮らす。アヨーイ、ヨーイ、デッカンショ」からはじまるこの歌、元々は丹波笹山の盆踊りの歌だけど、旧制高校生にとって、お酒が入ったときには欠かせない歌になりました。歌の出だしを高校生たちが、西欧の思想家のなかのデカルト、カント、ショーペンハウアーの名前に引っ掛けたんです。高校生たちが、彼らの思想をどれほど理解したのか知りませんけど、そういう哲学に触れることだけでも、若者たちの心は昂《たか》ぶったんでしょう。こういう授業は、文科の生徒だけじゃなくて理科の生徒も聴いてたらしいから、今でいう「教養科目」だったんだろうと思います。

夏目漱石の時代　あの時代の大学は、日本を西欧列強に近づけるために、その仲間に入るために、作られてたんですよ。だからこそ、西欧で使われてる知識を教えてくれる外国人教師には、大臣よりも高い給料を払ったんです。そして学生のほうには、学んだ知識は「お国のために」役立てなきゃいけないっていう意識をもたせました（司馬遼太郎『坂の上の雲』文藝春秋）。優秀だと認められた人は、いっそうの研鑽を積むために国費で本場の西欧に留学させられてます。「英語学と英文学を研究するように」ってイギリスに行かされた夏目漱石なんか、英文学をお国のためにどう役立てるのかって、ロンドンで発狂しそうなくらい悩みました（江藤淳『漱石とその時代』新潮社）。そういう状況だから、あれやこれや気ままに勉強するわけにはいきません。だから旧制高等学校の場合、せめて文科か理科かくらいは決めて大学へ進ませる必要があったんです。

あなたの時代　あなたが勉強するのは「お国のため」じゃなくて、自分が自立した社会人（市民）になるためですね。社会全体が、夏目漱石の時代はもちろん、アベベ・ビキラが裸足で東京を走った時代と比べてもズイブン変わってますよ。「環境問題」なんて、以前なら地域レベルで「ＤＤＴ」とか「合成洗剤」、せいぜい「酸性雨」を考えてたんだと思うけど、今は世界レベルの政治や経済、福祉、医療、科学を絡み合わせて、生き物に影響するすべての領域（生物圏）を考えないと中途半端になっちゃいます。そういう時代には、文系だ理系だっていう区別そのものが無効です。あなたが「高校で文系だった」ことに何の意味がありますか？　あなたが「文系」だってのも、入試に出る数学が苦手だったか化学が嫌いだったか、その程度の理由なんでしょう。そんなのナンセンスです！

❏教養にゴールなし

教養科目と教養　さっき「教養科目」って言ったんだけど、「教養」って難しいですね。「教養科目」はカリキュラムの問題だから、どうとでも決めれば終わりです。その代わり「教養」を考えることはいつも先送りになります。「人間は教養を身につけてるほうがいい」ってことで反対する人はいないんだけど、その中身になると十人十色でまとまらないからです。起源が古代ギリシアまでさかのぼる「自由人の技芸（リベラル・アーツ）」にこだわる人たち、これはヨーロッパ派とアメリカ派に分かれます。この人たちと、「専門の講義を聴くための準備」を主張する先生方とで、話が噛み合いません。元々のリベラル・アーツには音楽や天文学なんかも入ってるからたしかに教養なんだけど、ここのカリキュラムにもってくるとチョッと浮き世離れです。一方、「専門」の準備なら分野ごとにちがった内容になるでしょう。それじゃ教養は教練と変わりません。

それじゃ何が　いったい何が教養なのかって、僕も多少は考えてきました。ところであなた方、「あんた、キョウヨーあんだねー」なんて感心したり、されたりしたことありませんか。一度くらいはあるでしょう。それを考えると、知識は教養のかなり大切な要素みたいです。でも絶対、知識さえあれば教養があるってコトにはなりません。僕らのまわりにいい例があるから、そこはわかるでしょ。そうです、そうです。すぐに思い浮かぶのは、どんなことにも口を出したがる「オシャベリ先生」ね。たしかにあの人、いろんなコト知ってるみたいだけど、教養があるって感じはまるでありません。所かまわず知識の汁を垂《た》れ流す破鍋みたいでしょう。それから「船来博士」。あの人は間違いなく知識豊富なんだけど、ヤッパリ誰も教養があるってふうには感じてません。その豊富な知識で他人の意見に蓋をしちゃって、自分の主張を押し通すだけだからです。

知識だけじゃなくて　じゃあ「若仙人」はどうです？　あの人の知識は、邪心のない透き徹ったガラス細工の器に盛られてるって感じですよ。真っ赤なうそはもちろん青臭さも腹黒さもないことは一目瞭然ですもの。自分の知識をひけらかそうなんて感じは微塵《みじん》もないでしょう。困ってる問題に親切で的確な助言をしてもらうと、まさに「教養」を感じちゃいますよね。いくら親切な人の意見でも、迷信に染まってるような話、それと教養とは無関係です。

感じのよさ　教養のあるかないかが、少しわかってきました。教養の根本にはシッカリした知識がいるんだけど、それだけじゃ全然ダメで、もう一つ、それと同じくらい大切なモノがありそうです。「鳥の両翼、車の両輪」です。その「もう一つ」って、分別？　人格？　愛情？　どれも必要みたいで、一つには決められません。これを全部ひっくるめて、何て言ったらいいんでしょうか？　え、なんですって？　感じのよさ？　あー、それいいですね。「感じのよさ」にしましょう。オシャベリ先生にも、舶来博士にも「感じのよさ」はありません。でも若仙人にはそれがありますからね。「教養とは、感じのよさと両輪になってる知識のことだ」って定義ができました。でもこの定義、わが愛すべきお三方を知らない人にはピンとこないでしょう。やれやれ、振り出しに戻っちゃいました。でも教養のイメージは、前よりだいぶハッキリしてきましたよ。

リベラル・アーツと六芸《りくげい》　心の寛《ひろ》さ、懐の深さ、人格の豊かさ、どう言っても表しきれないんだけど、そこに教養とリベラル・アーツの接点がありそうです。「リベラル・アーツ」って、古代ギリシャの（奴隷じゃない）自由人のための技芸が古代ローマに入って、職人の技術とはちがう自由人の技術、アルテス・リベラレス（artes liberales）として落ち着いたモノです。このラテン語を英語に訳したのが、リベラル・アーツ（liberal arts）なんですって。それで、その中身には文法学、論理学、修辞学、幾何学、算術、天文学、音楽、の七つ科目があって、ヨーロッパで大学ができはじめたころ、法学とか神学とかの専門の勉強をはじめる前に学んでおくように決められてたそうです。このなかに**音楽**が入ってるのが意外といえば意外でしょう。でもね、古代中国で君子の嗜《たしな》みとして重んじられた「六芸《りくげい》」、これは礼（礼節）、楽（音楽）、射（弓術、精神集中）、御（馬術）、書（書道）、数（数学）、の六科目なんだけど、ここにも「音楽」が入ってます。

音楽を表紙に使いたい　奴隷なんかがいた古代社会の上層階級のお作法を無条件に受け入れるツモリはありません。ヒルズ族なんかと比べたら僕なんか下層階級の一員ですよ。それでも、追剥ぎやゴミ箱漁りをしなくてもなんとか生きていけるから、気持ちくらいは自由人や君子になっていたいんです。そこで音楽の話です。音楽のスタイルはいろいろあるけど、自分がなじんでる好きなスタイルを考えてください。それに浸ってるときは、雑念から開放されて自由になれますね。音楽に浸ってるあいだは「感じのいい人」に近づけてるんだと思います。だから「教養」の一方の翼、一方の輪の大切な要素なんですよ。それでね、この補講の最初の学期で話したコトを出版していただくとき、本の表紙には「音楽の図柄」を入れてくださいって、強くお願いをしたんです。

教養の到達点　この補講をはじめるきっかけは今日の初めに言ったように、「『基礎生物学』や『基礎化学』のハードルを下げるような話をしたらいい」って勧められたからなんです。そうなんだけど、しなくてもいい講義を、「する」って決めたのは別な理由です。その機会を使って、あなた方の「教養」を少しでも広げるお手伝いをしてみたいと思ったからです。教養に「鳥の両翼、車の両輪」が必要なら、週に一回やそこら話をしてゴールに着くってモンじゃありません。それを承知のうえで、っていうか、そうだからこそ、「基礎ナントカ」を聴きやすくするだけの知識じゃなくて、あなた方に「感じのいい人」に近づいていただけるような、そういう知識もお伝えしようと心掛けました。

❏補講を終えるにあたって

物知り博士ではなく

「心掛け」はこっちの話で、あなた方としちゃ新しい知識を受け取ったことに変わりはないんだけど、僕が心掛けたコトをどう活かしていただきたいのか、チョッと言わせてください。それは、「いろんな場面で受け取った知識を積み重ねていくのは大切だけど、物知り博士になって満足してちゃダメだ」、ってことなんです。「物知り博士」って、昔なら百科事典、今なら「グーグル」とか「ヤフー」とかの検索エンジンの人間版だけど、大脳一個分の容量しかない貧弱な記憶装置です。それに百科事典や検索エンジンが他人に使われる道具なのと同じで、物知り博士がもってる知識（情報）は、すこしも本人の役に立ってないんです。だからそういう人は、ホントの博士じゃなくて、情報をバラバラに詰め込んでるだけのロボットにすぎません。

想像力を働かせて

今日の初めに「憶えることは目的じゃない」って言ったでしょう。今じゃ憶える作業は、人間がヒトの脳の外につくったコンピューターにやらせればいいんだから、あなたの脳は、情報を使うことに使っていただきたいんです。「情報を使う」って、バラバラに蓄えられてる情報を、あなたの個性を活かしてつなぎ合わせて、新しい情報を生み出すことです。使う情報の数が少なければつなぎ合わせ方は単純だから、誰がやっても大体同じ結果になるでしょう。これが「考える」って段階で、その得られた結果を世間では**正解**ってよぶんです。使う情報が多くなれば、つなぎ合わせ方はとたんに複雑になって、一人ひとりの個性がハッキリ出てきます。「正解」は出にくくなります。これが「想像力を働かす」段階だと思います。まずは他人《ひと》に頼らないで、自分で考えてください。それだけに留まらないで、いろんなことに自分で選んだ情報を加えてみてください。

視点を変える　新しい情報を加えるって、「視点を変える」ってことですよ。新たな視点から考え直してください。勉強のことでなら、一つの情報で目からウロコが落ちたり奥の深さを思い知らされたり、って経験あるでしょう。日常の話なら、どうか自分のコトだけじゃなくて、ほかの人のコトにも思いをめぐらせてください。あなたは今ワリと安全な場所にいるから、ファッションや交友関係、旅行にグルメ、そんなことが関心の中心になってるかもしれません。でも「そんなことに関心を向けられる人はゴクわずかなんだ」って情報も加えてみてください。外国の軍隊にロケット弾やミサイルを打ち込まれた人たちはどうしてるのか、食べ物や飲み水がなくて死んでいく人たちはどうか、自分がそういう立場に置かれたら、自分がそうならないためには、自分（の国）がほかの人たちをそういう目に遭わさないようにするためには、などなどについても、想像してみてください。身のまわりにあるそういう情報を使う気持ちをもたない人は、哀しい「物知りロボット」です。もちろん、あなたがそうじゃないことは知ってますよ。

お別れの時間がきたようですね。あなたの発展と幸福とを、心から祈っています。

あとがき

まず、この本をここまで読んでくださったあなたに感謝します。また、教科書らしくないこのシリーズの出版を決断してくださった培風館には、篤くお礼を申しあげます。そして、三冊分の原稿を書いているあいだ励まし続けてくださった友人たちと、その間の僕の我儘を許してくれた家族には、心から「ありがとう」と言わせてください。

僕が「センセイ」になったのは三十年以上前のことだし、毎週決まった時間に講義するようになってからでも三十年近くなります。手抜きはしなかったけど、正直、講義室でしゃべるのは嫌いで、講義なんてなければいいと思ってました（悪い教師ですね！）。その気持ちが変わったのは、全学の新入生に開放される**教養科目**の一つを担当するようになってからです。そういう科目を担当するってことは、その教室にやってくる学生が、（一）文学部から医学部までさまざまな学部に分かれてて、（二）高校で勉強してきた内容は完璧にバラバラで、（三）受験勉強の習慣をベットリと全身（全脳）に貼りつけていて、（四）その講義の単位が取れなくても平気だと思ってる、そんな人たちだってことです。この特徴のホントの意味、おわかりですか？　大学の先生がフツーに教えてる**専門科目**の受講生と比べてみればわかるでしょう。こっちの連中は、（イ）全員がその学科を卒業しようとしてるし、(ロ)もうその科目の基礎を勉強してて、(ハ)一応は大学での勉強にも慣れた、(ニ)その科目の単位は落とさない覚悟のある、そんな学生です。ここまで言えばわかりますね。それで僕に起きた最初の「気持ちの変化」は、「こんな連中の相手、してらんねぇーよ」っていう、拒否反応です。第二の変化が起きたのはそのあとです。

専門科目の受講生だけなら、実は先生なんていなくてもいいんです。「専門」という線路に乗ってしまってたら、教科書も検索エンジンもあるんだから、かなりのところまで自分で勉強して行けますよ。「親がなくとも、子が育つ」です。坂口安吾はそれを、「ウソです。親があっても、子が育つんだ。・・・。親がなきゃ、子供は、もっと、立派に育つよ」って言ってましたね(『不良少年とキリスト』角川書店)。僕の第二の変化って、「先生を必要としてるのは、まさに僕が担当する、ここにいる新入生たちなんだ」って思いはじめたことです。役に立つ専門知識を身につけようと大学に入ってきた新入生、手間隙かけずに試験で高得点を「ゲットする」ことが勝者の条件と信じ込んでいる新入生に、一見ナンの「即効性」もないような話を聴いてもらうことが大切なんだと思ったんです。「聴いてもらう」がポイントです。自分の話に酔ってちゃダメで、学生に受け入れてもらえる話をする、ってことなんだけど、これが「言うは易《やす》く行なうに難《かた》し」です。背景も関心もさまざまな百名以上の学生のただ一人にも、「あの教師、自己満足でしゃべってる」と言わさずに講義するなんて、魔法でも使わない限りムリですから。

魔法を使えないどころか「講義の嫌いな」僕が、そういう「ムリ」に自分からかかわろうとした理由を大袈裟に言えば、切羽詰まった危機感です。ここにいる新入生たち、入学試験に使われるゴク限られたパターンの問題に答えを出す以外、どんな範囲のコトを考えられるんだろう？　自分が入った学科では扱わないと思い込んだ事柄《ことがら》に、どこまで想像を広げられるんだろう？　その範囲がスゴク狭そうなうえ、その「狭さ」にも気づいていない様子を、危機だと感じたんです。彼らの興味や関心の幅が極端に狭そうに見える、その原因のナニガシかは彼ら自身にあるんだけど、原因の過半は大人にあると思います。教師とか教育委員会の人たち、教科書を書いたり教育や入試の制度を決めるセンセイたちといった大人です。大人の責任が重いんなら、その責任を取るのも大人のはずなんだけど、それを感じてない大人にいくら頼んでも埒《らち》が明きません。義を見てせざるは勇なきなり。及ばずながら大人の一人として、チョッと気張ってみたワケです。

「気張って何をしたんだ？」って聞かれると、困っちゃいます。人さまに威張れるようなことはしてきませんでしたから。講義の内容はこのシリーズのどっかに書いたようなことです。「そういう内容よりも大切なことがある」と、くり返して言ったコトを列挙しておきます。

（一）入試での選択科目や所属学部を理由にして、自分を文系や理系の人間だと思い込むな。
（二）世の中には文系も理系もない。あれは受験という「塀の中」で着せられる服の色だ。
（三）正解は必ずあって、一つしかないという約束事、あれも「塀の中」でしか通用しない。
（四）「先生の話」と「教科書の記述」と「メディアからの情報」は鵜呑みにするな。

（五）僕は君たちを騙そうとは思っていない。しかし間違いを教えることはある。
（六）講義の内容を憶えようとするな。想像力を働かせて、わかろうと努めよ。
（七）威張ってる先生やわかりにくい話をする先生は、二流、三流だと思っていい。

ゴメンなさい。この（七）を、教室で言ったことは一度もありません。だけど、川柳の「先生と呼ばれるほどの馬鹿でなし」って、実にいいトコ衝いてますね。「先生」とよばれ続けてると、つい自分は偉いという錯覚に陥ってしまって、自分の話がわからないのは聴いてる相手が悪いからだ、馬鹿だからなんだ、って思いがちです。おー怖い、こわい！

名残は尽きないけど、これでお別れです。くり返される言葉が正しいワケじゃありません。騙されないようにお気をつけくださいね。

平成十九年　初冬

上領　達之

ま 行

や 行

ら 行

わ 行

な　行

は　行

た　行

索　引（見出し語）

上領《かみりょう》 達《たつ》之《ゆき》 略歴

一九七〇年 東京大学大学院農学系研究科
博士課程修了(農学博士)
一九七三年 京都大学医学部助手
一九九一年 広島大学総合科学部教授
二〇〇六年 広島大学名誉教授
ホームページ
http://home.hiroshima-u.ac.jp/kamiryo/

著書

人間理解のコモンセンス(編著、培風館、二〇〇二年)
人間という生き物(培風館、二〇〇六年)
人間を知るための化学(培風館、二〇〇七年)

生物と化学の補習講義 3
人間と遺伝子の話

二〇〇八年三月三日 初版発行

著者 上領 達之
発行者 山本 格

発行所 株式会社 培風館
東京都千代田区九段南四-三-一二・郵便番号 102-8260
電話(〇三)三二六二-五二五六(代表)・振替〇〇一四〇-七-四四七二五

前田印刷・牧 製本

PRINTED IN JAPAN

ISBN978-4-563-07800-3 C3045